燃料电池汽车概述

主 编 吴壮文 张宏阁

北京理工大学出版社
BEIJING INSTITUTE OF TECHNOLOGY PRESS

内 容 简 介

本书借助网络多媒体丰富的视听效果对燃料电池汽车相关知识与国家政策进行梳理和讲解。本书以学生为中心，以氢燃料电池汽车典型工作任务为载体，介绍了我国发展氢燃料电池汽车的原因、国内外燃料电池汽车的发展现状、氢燃料电池汽车的构造与使用注意事项等燃料电池汽车相关的实用知识，每个典型工作任务按照"学习目标""引导问题""任务工单""知识材料"和"拓展学习"的顺序来架构任务实施，实现课内学习和课外拓展相结合。书中还嵌入学习二维码，方便学生理解燃料电池汽车相关原理知识和国家发展燃料电池汽车的政策、目标和路径，实现教材内容与课程思政相融合，不断激发学生学习兴趣，为后续学习新能源汽车专业知识打好基础。

本书可以拓展学习者的知识视野，激发学习者对新能源汽车相关专业的热爱，使学习者在学习过程中形成绿色的汽车消费文化理念，养成绿色的汽车消费习惯，可对全社会培育并形成绿色文明的汽车消费文化，并对最终达成人、车、路和谐的社会共识起到促进作用。本书可作为高等院校、高职院校汽车类专业教材，还可作为新能源汽车制造商和市场开拓者、科普爱好者等人员的参考读物。

图书在版编目（CIP）数据

燃料电池汽车概述 / 吴壮文，张宏阁主编. -- 北京：北京理工大学出版社，2022.11

ISBN 978 - 7 - 5763 - 1844 - 9

Ⅰ. ①燃… Ⅱ. ①吴… ②张… Ⅲ. ①燃料电池 - 电传动汽车 Ⅳ. ①U469.72

中国版本图书馆 CIP 数据核字（2022）第 212644 号

出版发行 / 北京理工大学出版社有限责任公司

社　　址 / 北京市海淀区中关村南大街 5 号

邮　　编 / 100081

电　　话 / （010）68914775（总编室）

　　　　　（010）82562903（教材售后服务热线）

　　　　　（010）68944723（其他图书服务热线）

网　　址 / http：//www.bitpress.com.cn

经　　销 / 全国各地新华书店

印　　刷 / 唐山富达印务有限公司

开　　本 / 787 毫米 × 1092 毫米　1/16

印　　张 / 15

字　　数 / 347 千字

版　　次 / 2022 年 11 月第 1 版　2022 年 11 月第 1 次印刷

定　　价 / 79.00 元

责任编辑 / 多海鹏

文案编辑 / 多海鹏

责任校对 / 周瑞红

责任印制 / 李志强

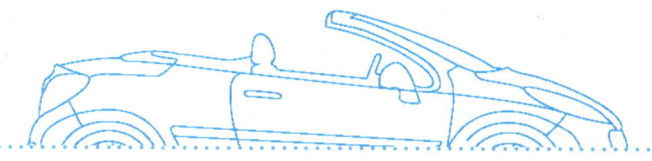

前 言

PREFACE

　　氢能因其具有极好的环保性、特高的转换效率、最广的资源分布、超快的加注过程等显著优势，已被视为能源系统及清洁能源存储系统中新型且更优越的能源类型。氢燃料电池汽车所使用的能源是反应产物为水的无污染氢能，是集新能源技术、新材料技术、先进装备制造技术和汽车技术于一体的综合性产业，已成为氢能源最有利可行的应用方式，其产业的发展对我国基础产业的拉动、促进和发展有着全局性的影响。近年来，国家与各级地方政府不断出台管理制度和激励政策，用于支持和发展燃料电池汽车产业。目前，燃料电池汽车商用化已进入第 5 年，并正快速向乘用车市场推进。通过本书中围绕燃料电池汽车的技术研发、生产管理、销售与售后服务，可在全社会有力促进形成绿色的汽车消费文化理念，养成绿色的汽车消费习惯，达成人、车、路和谐的社会共识。

　　本书以新能源汽车相关专业综合职业能力培养为目标，根据企业典型工作任务和工作过程设计了"分析发展氢燃料电池汽车的优势""调研燃料电池汽车的发展现状""探索氢与燃料电池""学会燃料电池汽车构造与原理""注意燃料电池汽车使用安全"五大职业能力，共 11 个教学项目、32 个典型工作任务，每个任务所配备的"任务工单"包含由"组内自评""组间互评"和"教师评价"三个维度组成的任务实施评价，充分锻炼学生的表达能力和协调能力。

　　本书每个任务都配有对应的学习视频，并以二维码的方式嵌入其中，实现课程思政内容的融入。结合编者多年的课程开发与课堂教学经验，建议采用线上、线下混合式教学方式使用本书进行授课。课前，学生基于任务工单引导进行知识准备，在线了解相关知识；课中，教师进行知识讲解，学生以小组形式完成任务工单，并进行三维评价；课后，师生间、学生间在线互动交流，并了解"拓展知识"。本书注重培养学生的自主学习能力，引导学生主动参与、团队配合、独立思考、全面表达，强化了课堂的互动性。

　　本书由吴壮文、张宏阁担任主编，臧锐、张弛、吴小俊担任副主编，参加编写的还有王汇龙、葛东东、张松泓、邹萌、孙周、李仕生。全书由俞晓莉、祝良荣、杨爱喜担任主审。本书职业能力一由吴壮文、张宏阁编写，职业能力二由臧锐编写，职业能力三由张弛编写，职业能力四由吴小俊、张宏阁编写，职业能力五由张宏阁编写。本书的编写还得到了国家职业教育新能源汽车技术专业教学资源库团队的大力支持，在此表示真诚的感谢。

　　由于编者的水平有限，书中难免有疏漏和不足之处，恳请广大读者批评指正。

编　者

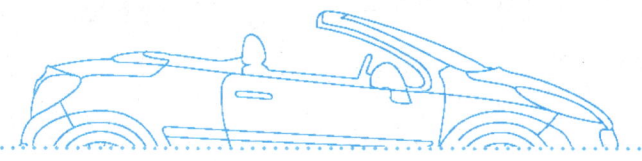

目 录
CONTENTS

职业能力一

项目一　燃料电池汽车与纯电动汽车对比分析

任务一　揭秘燃料电池汽车

学习目标

1. 理解我国"双碳"战略目标和"美丽中国"建设要求；
2. 掌握氢燃料电池汽车的结构和原理；
3. 了解"双碳"目标对我国氢燃料电池产业高质量发展的推动作用。

引导问题

　　1838 年，德国化学家克里斯提安·弗里德里希·尚班提出了燃料电池（Fuel Cell，FC）的原理；1991 年，罗杰·比林期开发出世界上首个用于汽车的燃料电池；1994 年，世界上第一辆燃料电池汽车（Fuel Cell Vehicle，FCV）——奔驰 NECARI 问世；2013 年，丰田在东京车展上展出 FCV 概念车，并宣告 2015 年量产版问世，FCV 发展从此进入快车道。那么究竟什么是燃料电池汽车？燃料电池汽车的结构和原理是怎样的？各国又为什么要这么迫切地发展燃料电池汽车呢？

任务工单

任务名称	揭秘燃料电池汽车	班级		日期	
小组成员		组号		组长	
实训教室		设备		课时	
任务描述	通过了解燃料电池汽车的原理来掌握燃料电池汽车的结构，并由燃料电池汽车的结构来理解燃料电池汽车的概念，进而理解当前各国为什么要发展燃料电池汽车产业。				

学习目标	**一、总目标** 1. 熟悉燃料电池的概念； 2. 掌握燃料电池汽车的结构； 3. 能够分析燃料电池汽车的原理； 4. 理解发展燃料电池汽车的必要性； 5. 树立"美丽中国"建设需要人人参与的理念。 **二、专业能力目标** 1. 能够说明燃料电池汽车的结构； 2. 能够分析燃料电池汽车的原理。 **三、方法能力目标** 1. 能够借助网络检索有关燃料电池汽车结构和原理的内容； 2. 能够通过燃料电池汽车的原理和实际应用来分析发展燃料电池汽车的必要性； 3. 能够根据燃料电池汽车结构总结和归纳燃料电池汽车的原理。 **四、社会能力目标** 1. 能够组织小型研讨； 2. 能够较清晰地表达燃料电池汽车的原理； 3. 能够和小组成员一起协作分析； 4. 能够理解"美丽中国"建设需要人人参与。
资讯收集	1. 什么是"双碳"战略目标？它对我国建设"美丽中国"有什么样的促进作用？ 2. 传统化石能源汽车对环境有哪些影响？可采取哪些措施来缓解或者减小这些影响？ 3. 什么是燃料电池汽车？它的工作原理是怎样的？燃料电池汽车有什么特点？

决策与计划	**请根据任务要求，制定任务实施计划，确定所需要的检测仪器、工具，并对小组成员进行合理分工。** 1. 需要的检测仪器、工具或设备 　　　　　　　　　　　　　　　　　　　　　　　　　。 2. 小组成员分工 　　　　　　　　　　　　　　　　　　　　　　　　　。 3. 实施计划 　　　　　　　　　　　　　　　　　　　　　　　　　。				
实施	**根据任务要求填写实施方案或操作步骤。**				

检查与评估	评价指标		组内自评	组间互评	教师评价
	方法能力 和社会能力 （__%）	劳动态度（__分）			
		工作纪律（__分）			
		安全操作（__分）			
		环境保护（__分）			
		团队协作（__分）			
	专业能力 （__%）	任务方案（__分）			
		实施步骤（__分）			
		完成结果（__分）			
		任务工单完成（__分）			
	合计得分				
	本次最终得分（组内自评__% + 组间互评__% +教师评价__%）				

 知识材料

一、全球汽车保有量急增加剧了生态环境危机

科学分析表明，汽车尾气中含有上百种不同的化合物，其中的污染物有固体悬浮微粒、一氧化碳、二氧化碳、碳氢化合物（HC）、氮氧化合物、铅及硫氧化合物等，一辆轿车一年排出的有害废气比自身重量大 3 倍，可以说，汽车是一个流动的污染源。随着汽车数量越来越多、使用范围越来越广，它对环境的负面效应也越来越大。

（1）汽车尾气会导致温室效应的发生。温室效应源自温室气体，由于像二氧化碳等气体吸收热能，只允许太阳光进，而阻止其反射，进而实现保温、升温作用，因此被称为温室气体。汽车排放的尾气中还包含氯氟烃、甲烷、低空臭氧和氮氧化物等其他气体，这些气体中，有的温室效应比二氧化碳还强。如每分子甲烷的吸热量是二氧化碳的 21 倍；一氧化氮更高，是二氧化碳的 270 倍。温室效应主要是由于现代化工业社会过多燃烧煤炭、石油和天然气，进而放出大量的温室气体进入大气而造成的。

近 100 年来，温室效应已成为人类的一大祸患，冰川融化、海平面上升、厄尔尼诺现象、拉尼娜现象等都对人类的生存带来了极为严峻的挑战。而二氧化碳则是导致温室效应的罪魁祸首。

（2）汽车尾气会促进酸雨的形成。酸雨是指 pH 小于 5.6 的雨、雪或其他形式的降水。雨、雪等在形成和降落过程中，吸收并溶解空气中的二氧化硫、氮氧化合物等，即形成了 pH 值低于 5.6 的酸性降水。酸雨主要是人为地向大气中排放大量酸性物质所造成的，各种机动车排放的尾气是形成酸雨的重要原因。尾气中的二氧化硫具有强烈的刺激气味，达到一定浓度时容易导致"酸雨"的发生，造成土壤和水源酸化，影响农作物和森林的生长。

（3）碳氢化合物诱发产生光化学烟雾。碳氢化合物是指各种烃类及其衍生物，品种极多，一般以 HC 表示。汽车尾气排放的未经燃烧的汽油和燃烧不完全产生的烃类衍生物成分极其复杂，其中有饱和烃、不饱和烃、芳香烃以及这些烃类的含氧衍生物（如醛、酮等），不仅成分的种类多，且组成变化也大。烃类污染物对自然界的危害主要是破坏了生态系统的正常循环，还会诱发产生光化学烟雾。

（4）机动车尾气中含有的固体悬浮颗粒、一氧化碳等污染源也会对人体产生危害，而机动车尾气污染物引起的环境二次污染还会危害植物。

根据我国生态环境部于 2020 年 6 月 8 日发布的《第二次全国污染源普查公报》显示，2017 年，我国由机动车污染源产生的大气污染物排放量：氮氧化物 595.14 万 t，颗粒物 9.58 万 t，挥发性有机物 196.28 万 t。该报告调查的时间为 2017 年，当时我国的汽车保有量为 2.17 亿辆，而截至 2021 年年底，全球汽车保有量已超 12 亿辆。由此推算，全球汽车一年的排放量会急剧增加生态环境危机。

二、氢燃料电池汽车是新能源汽车的终极解决方案

1. 氢能是解决未来人类能源危机的终极方案

氢是宇宙中分布最广泛的物质，它构成了宇宙质量的75%，是二次能源。氢具有燃烧热值高的特点，其燃烧值是汽油的3倍、酒精的3.9倍、焦炭的4.5倍。氢燃烧的产物和石油不同，不是造成温室气体的二氧化碳，而是生命之源——水，所以氢也被誉为是世界上最干净的能源。因其资源丰富，支持可持续发展，故氢能被普遍看好，氢燃料电池技术也一直被认为是利用氢能解决未来人类能源危机的终极方案。

2. 氢燃料电池汽车的概念

氢燃料电池汽车是一种将车载氢燃料电池装置产生的电力作为动力的汽车，是电动汽车的一种。本书后面所指的燃料电池汽车，一般情况下均指的是氢燃料电池汽车。

目前常见的氢燃料电池汽车的结构和基本工作原理如图1-1-1所示，高压储氢罐为燃料电池系统提供反应所需的氢气，氢在燃料电池中与空气中的氧气发生氧化还原反应产生电能，与动力电池一起为驱动电动机供电，再由驱动电动机带动汽车的机械传动装置，最终驱动汽车前进。

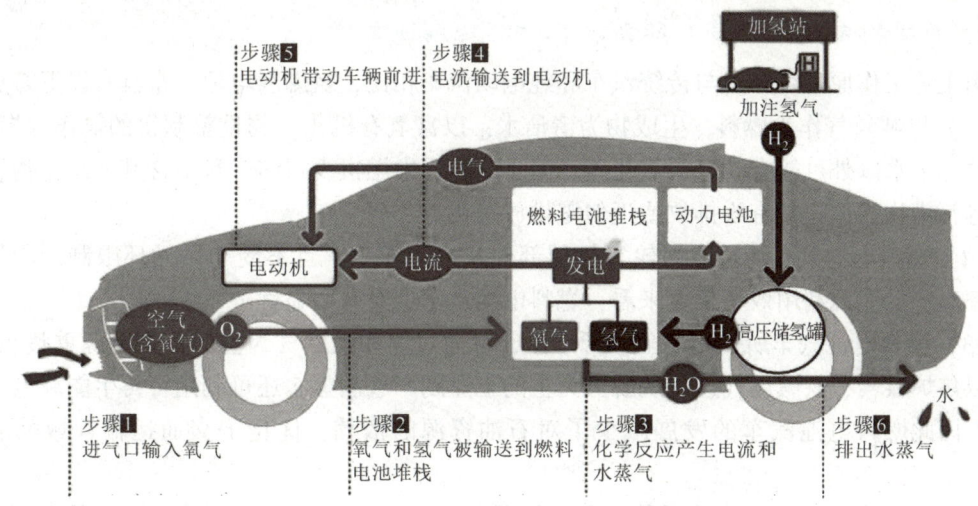

图1-1-1　氢燃料电池汽车工作原理

把氢与氧分别供给阳极和阴极，氢通过阳极向外扩散与电解质发生反应后放出电子，通过外部的负载到达阴极，其基本原理是电解水的逆反应。如图1-1-2所示，氢燃料电池的工作原理是：将氢气送到燃料电池的阳极板，经过催化剂的作用，氢原子中的一个电子被分离出来，失去电子的氢离子（质子）穿过质子交换膜，到达燃料电池阴极板，而电子是不能通过质子交换膜的，只能经过外部电路到达燃料电池阴极板，从而在外电路中产生电流。在电子到达阴极板后，与氧原子和氢离子重新结合为水。

由于供应给阴极板的氧可以从空气中获得，因此，只要不断地给阳极板供应氢，给阴极板供应空气，并及时把水（蒸汽）带走，就可以不断地提供电能。燃料电池发出的电，经逆变器、控制器等装置，给电动机供电，再经传动系统、驱动桥等带动车轮转动，以驱动汽车行驶。

与传统汽车相比，燃料电池汽车能量转化效率高达60%～80%，为内燃机的2～3倍。

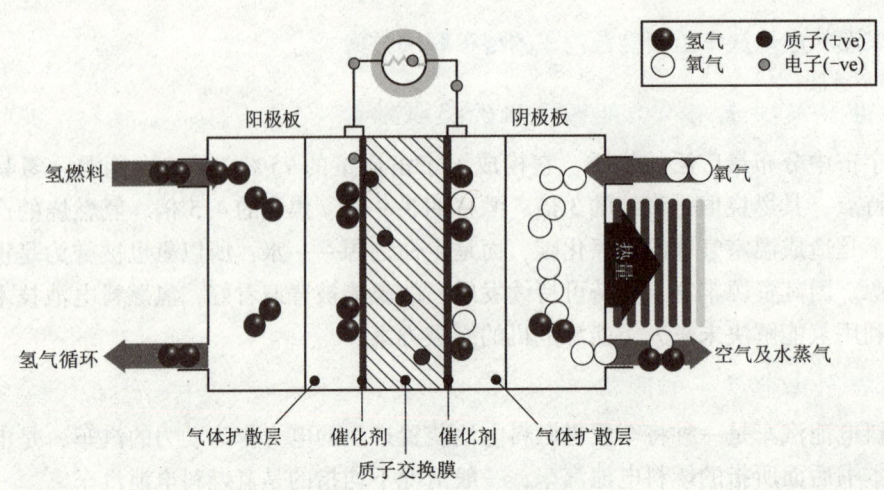

图 1-1-2　氢燃料电池工作原理

燃料电池的燃料是氢和氧，生成物是清洁的水，不产生一氧化碳和二氧化碳，也没有硫和微粒排出。因此，氢燃料电池是真正意义上的零排放和零污染，是完美的汽车能源。

3. 氢燃料电池汽车是新能源汽车的终极解决方案

由上述工作原理可知，与传统汽车和纯电动汽车相比，氢燃料电池汽车具有以下特点：

（1）以纯氢气作为燃料，生成物为清洁水；以富氢有机化合物重整制得的氢作为燃料，生成物除了水以外可能有少量二氧化碳，但排放量比内燃机少得多，且不含其他氮化物、硫化物等污染物排放，具有零排放或近似零排放等优点。

（2）燃料电池没有活塞或涡轮等机械部件及中间环节，且不受卡诺循环限制，能量转换效率高；从能源利用效率角度来看，燃料电池汽车也具有明显优势。

（3）燃料电池汽车所使用的氢来源广泛，可通过煤和天然气为主的化石能源重整制氢，也可以焦炉煤气、氯碱尾气、丙烷脱氢为主的工业副产气制氢，还可利用可再生能源电解水制氢。因此燃料电池汽车的发展减少了对石油资源的依赖，优化了交通运输领域的能源构成。

（4）燃料电池汽车的续驶里程由车载储氢瓶的总容量决定，长途行驶能力理论上可接近传统内燃机汽车，克服了纯电动汽车续驶里程短的缺点。此外，燃料电池汽车一次氢气加注时间为 5~15 min，而纯电动汽车一次快充时间也至少需要 20 min。因此，燃料电池汽车在续驶里程和燃料补充时间上也明显优于其他电动汽车。

（5）燃料电池在发电过程中运行平稳、噪声低，除了空压机、氢气循环泵（有些燃料电池系统采用引射器的氢循环方案，则可无氢气循环泵）和冷却系统以外，无其他高分贝噪声运动部件，因此与内燃机汽车相比，燃料电池汽车还具有在运行过程中噪声和振动都较小的优势。

氢燃料电池汽车不仅能够在燃料上实现对燃油的完全替代，而且具有零排放、能量转换效率高、燃料来源多样并可灵活取制于可再生能源等优势，因而被认为是实现未来汽车工业可持续发展的重要方向之一，也是解决全球能源和环境问题的理想方案之一，被国际上公认为"新能源汽车终极解决方案"。

三、我国燃料电池汽车发展概要

近年来，我国各大汽车生产商纷纷启动燃料电池汽车项目，我国燃料电池汽车发展不断加速。自"十三五"开始，上汽集团就启动了燃料电池汽车示范应用，近几年来持续加大燃料电池汽车的整车研发，已累计推出超过 10 款燃料电池量产车型，覆盖多个应用场景。此外，上汽集团已实现燃料电池汽车关键技术的自主掌握、燃料电池汽车的示范推广全场景覆盖，同时，燃料电池汽车的应用生态也正在逐步健全。

宇通客车股份有限公司从 2009 年就开始布局燃料电池技术以及整车研发，公司已经完成了三代燃料电池客车的研发，目前已在河南郑州、河北张家口、山东潍坊、江苏张家港和贵州六盘水等地实现燃料电池公交车和团体车批量销售，燃料电池客车已累计推广 328 辆，累计运营里程超过 2 000 万 km。

2021 年 4 月，格罗夫氢能汽车有限公司（以下简称"格罗夫"）在上海国际车展期间推出了中极汽车品牌，率先推出两款氢能商用车：49T 氢燃料电池 6×4 半挂牵引车中极——天枢和 4.5T 氢能高端城市物流车中极——天玑。除了武汉总部外，格罗夫已在湖北黄冈、山西长治和内蒙古鄂尔多斯签约落户，区域布局逐步展开。

山东潍柴动力股份有限公司也开始布局氢燃料电池发动机领域。2021 年，潍柴动力 2 万台产能氢燃料电池发动机工厂已经投产，已累计配套 300 余辆氢燃料电池车辆，累计运营超过 600 万 km。

2021 年 6 月，丰田汽车、中国一汽、东风、广汽集团、北汽集团、北京亿华通 6 家企业举行发布会并签署合营合同，计划成立"联合燃料电池系统研发有限公司"。

根据我国《节能与新能源汽车技术路线图 2.0》规划，到 2025 年，新能源汽车销量将占总销量的 20% 左右，燃料电池汽车保有量也将达到 10 万辆左右；到 2030 年，新能源汽车销量会占到总销量的 40% 左右；而到 2035 年，新能源汽车将成为主流，要占到总销量的 50% 以上，燃料电池汽车保有量也将达到 100 万辆左右。

拓展学习

一、美丽中国建设

2012 年 11 月 8 日，党的十八大强调要把生态文明建设放在突出地位，融入经济建设、政治建设、文化建设、社会建设各方面和全过程，并首次将"美丽中国"写入十八大报告。

2015 年 10 月召开的十八届五中全会上，"美丽中国"被纳入"十三五"规划，首次被纳入五年计划。

2017 年 10 月 18 日，党的十九大召开。在党的十九大报告中，将"美丽"纳入建设社会主义现代化强国的奋斗目标之中，多次提出要建立"美丽中国"。报告提出，到 2035 年我国基本实现社会主义现代化，生态环境根本好转，"美丽中国"目标基本实现；到 21 世纪中叶，建成富强、民主、文明、和谐、美丽的社会主义现代化强国，生态文明将全面提升。为此，要加快建立绿色生产与消费的法律制度和政策导向，建立健全绿色低碳循环发展的经济体系和市场导向的绿色技术创新体系，发展绿色金融，壮大节能环保产业、清洁生产产业、

职业能力一　分析发展氢燃料电池汽车的优势

清洁能源产业。对此，我国中央电视台还制作了专题纪录片。

二、传统化石能源汽车对环境的影响

汽车作为现代化交通工具，在给人们的生产与生活带来方便的同时，也因为大量化石燃料的使用给大气环境造成严重污染。传统化石能源汽车对环境的影响主要有以下几个方面：

（1）汽车排放的尾气污染空气。据统计，大型城市中，39%的一氧化碳、74.8%的碳氢化合物、46.2%的氮氧化物来自机动车的尾气。传统化石能源汽车频繁起动、制动和低速行车使尾气中的氮氧化物、一氧化碳、碳氢化合物等污染物比正常行驶时多得多，大量拥堵的汽车废气集中排放，形成距地面约 1.5 m 厚的一个污染层，加重空气污染，危害人体健康。

（2）发动机噪声影响人体健康。发动机一旦起动，就会持续产生噪声，而噪声可使人产生头痛、脑涨、耳鸣、失眠、记忆力衰退和全身疲乏无力等症状。如果孕妇长期乘坐噪声较大的车辆，噪声会通过作用于中枢神经系统而影响胎儿发育。汽车噪声会增加驾驶员和乘员的疲劳，进而影响汽车的行驶安全。

（3）车辆养护废液污染环境。车辆在清洗、保养和维护过程中会产生大量废水、废液和废油等，一方面需占用大量土地来建设这些废油液的后处理设施；另一方面，废油液会随雨水漫流，污染周边土壤和空气环境。

除以上所列之外，传统化石能源汽车驱动空调的动力也来自发动机，这又进一步增加了尾气排放，空调风扇排出的热量加剧了城市上空的"热岛效应"，从而增加了城市居民家用空调的使用，进一步增加了社会能源消耗。

任务二　车辆全生命周期成本对比分析

✅ 学习目标

1. 掌握车辆全生命周期成本组成；
2. 了解车辆全生命周期成本计算方法；
3. 理解燃料电池汽车在我国汽车产业发展规划中的定位。

🔑 引导问题

随着车用能源朝多样化的方向发展，人们能够选择的不同能源类型的汽车也越来越多。除了化石能源（如汽油、柴油）外，还可以选择纯电能驱动，或者油电混合动力汽车。而随着氢燃料电池技术的不断成熟，市场上又增加了氢燃料电池这种能源类型的汽车，可供选择的燃料电池汽车车型也越来越多，人们的选择面也越来越广。那么，面对这么多不同能源类型的汽车，基于消费者的视角，如何采用车辆全生命周期成本的方法帮助决策购置哪种能源类型的车辆最划算呢？

📍 任务工单

任务名称	车辆全生命周期成本对比分析	班级		日期	
小组成员		组号		组长	
实训教室		设备		课时	
任务描述	基于消费者视角，计算并对比分析相同级别燃油车、纯电动汽车和燃料电池汽车的全生命周期成本，并以此为依据，理解燃料电池汽车在我国汽车产业发展规划中的定位。				
学习目标	**一、总目标** 1. 了解消费者视角下车辆全生命周期的概念； 2. 掌握车辆全生命周期成本的组成； 3. 了解车辆全生命周期成本的计算方法； 4. 依据全生命周期成本，理解我国汽车产业发展规划，以及燃料电池汽车在我国汽车产业发展规划中的定位。 **二、专业能力目标** 1. 能够说明消费者视角下车辆全生命周期成本的组成； 2. 能够计算消费者视角下燃料电池汽车全生命周期成本。				

学习目标	**三、方法能力目标** 1. 能够通过网络或实地调研搜集成本参数； 2. 能够借助常用办公软件录入成本参数计算成本； 3. 能够根据成本计算结果分析不同能源类型汽车的定位。 **四、社会能力目标** 1. 能够组织小型分析会； 2. 能够较清晰地表达消费者视角下燃料电池汽车的成本组成； 3. 能够和小组成员一起协作搜集成本参数的数据； 4. 能够理解我国汽车产业发展规划中对燃料电池汽车的定位。
资讯收集	1. 什么叫全生命周期？什么是全生命周期成本？消费者视角下车辆全生命周期成本包含哪些方面？ 2. 如何计算并对比分析消费者视角下不同能源类型汽车的全生命周期成本？ 3. 如何根据不同能源类型汽车全生命周期成本来理解各类车辆在我国汽车产业发展规划中的定位？

决策与计划	请根据任务要求，制定任务实施计划，确定所需要的检测仪器、工具，并对小组成员进行合理分工。 1. 需要的检测仪器、工具或设备 _____ _____ 。 2. 小组成员分工 _____ _____ 。 3. 实施计划 _____ _____ 。	
实施	根据任务要求填写实施方案或操作步骤。	

检查与评估	评价指标		组内自评	组间互评	教师评价
	方法能力和社会能力（__%）	劳动态度（__分）			
		工作纪律（__分）			
		安全操作（__分）			
		环境保护（__分）			
		团队协作（__分）			
	专业能力（__%）	任务方案（__分）			
		实施步骤（__分）			
		完成结果（__分）			
		任务工单完成（__分）			
	合计得分				
	本次最终得分（组内自评__% + 组间互评__% + 教师评价__%）				

一、全生命周期成本

1. 全生命周期

全生命周期的基本含义可以通俗地理解为"从摇篮到坟墓"（Cradle - to - Grave）的整个过程。对于某个产品而言，全生命周期就是从自然中来，又回到自然中去的全过程，包括制造产品所需要的原材料的采集、加工等生产过程和产品储存、运输、销售等流通过程，还包括产品的使用过程以及产品报废或处置等废弃物回到自然的过程。这些过程构成了一个产品完整的生命周期。

2. 消费者视角下汽车全生命周期成本

对于消费者来说，一辆汽车的全生命周期成本是指从初始购车开始，到使用维护，再到二手车交易或车辆报废全过程的所有成本之和，一般包括初始（购车）成本、使用成本和报废回收成本三大模块。

注意：由于新能源汽车二手车交易市场仍未完全建立，还没有成熟的新能源汽车报废回收成本估计方法，故本书在核算中暂未考虑新能源汽车报废回收所得，如图 1 - 1 - 3 所示。

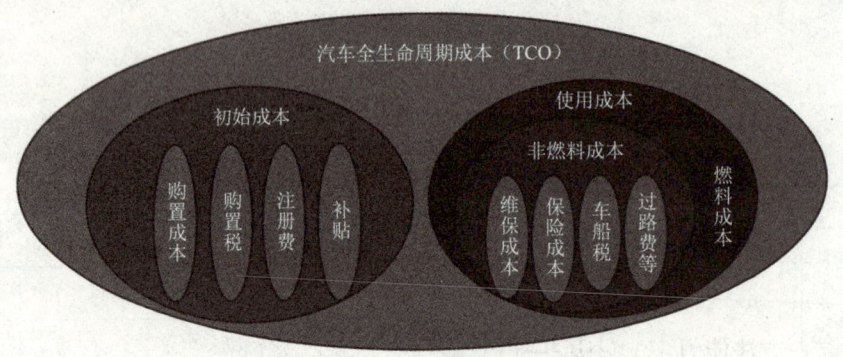

图 1 - 1 - 3　汽车全生命周期成本构成

为对比燃料电池汽车和纯电动汽车的生命周期总成本，选取典型的 B 级汽油乘用车（GAS）、续驶里程为 400 km 的纯电动乘用车（EV）和燃料电池功率为 30 kW 的燃料电池乘用车（FCV）三类车型进行全生命周期成本分析。

二、全生命周期成本的计算

1. 初始成本

从消费者角度来看，车辆的初始成本包括车辆的购置成本、购置税、注册费和补贴等因素。

1）购置成本

将汽油乘用车作为基准车型，EV 和 FCV 两种车型的配置参数见表 1 - 1 - 1。

表 1-1-1　EV 和 FCV 车型的配置参数

参数	EV	FCV
电动机/kW	120	100
电池/（kW·h）	55	11.8

本书先评估各关键零部件的成本变化，再由各关键零部件成本总变化来衡量购置成本的变化情况。对于动力电池而言，动力电池目标成本在 2022 年、2025 年、2030 年分别为 0.9 元/（W·h）、0.8 元/（W·h）和 0.6 元/（W·h）；对于燃料电池动力系统而言，2022 年、2025 年、2030 年的成本分别为 1 800 元/kW、1 000 元/kW 和 200 元/kW。

以典型 B 级车价格 15 万元为基准价格，从而得到三类车型在 2022 年、2025 年和 2030 年的"裸车价"测算价格，见表 1-1-2。

表 1-1-2　三类车在 2022 年、2025 年和 2030 年的"裸车价"测算价格（单位：万元）

能源类型	GAS	EV	FCV
2022 年"裸车价"	15.00	19.15	20.04
2025 年"裸车价"	16.07	18.04	18.20
2030 年"裸车价"	16.19	17.18	16.31

2）购置税

车辆购置税是计税价格乘以税率，其中计税价格是以发票价格减去增值税部分的购车款，车辆购置税税率为 10%，即车辆购置税 = 车辆价格 ÷ 1.13 × 10%（13% 是增值税税率）。

目前，根据财政部等部门发布的关于节能与新能源汽车车辆购置税的相关公告，节能汽车的购置税减半征收，新能源汽车免征车辆购置税。

此外，假定：节能汽车至 2025 年不再享受购置税优惠；纯电动车型和燃料电池车型在 2025 年前免征车辆购置税，2030 年起按 2.5% 征收。

3）注册费

根据《中华人民共和国道路交通安全法》及其实施条例，为了规范机动车登记，保障道路交通安全，保护公民、法人和其他组织的合法权益，我国对机动车实行登记制度。初次申领机动车号牌、行驶证的，机动车所有人应当向住所地公安机关交通管理部门（车辆管理所）申请注册登记。机动车只有经过车辆管理所登记后，方可上道路行驶。没有登记的机动车，需要临时上道路行驶的，也需获得临时通行牌证才能上路行驶。

申请注册登记时，机动车所有人应当交验机动车，确认申请信息，取得机动车安全技术检验合格证明后方可申请注册登记。

新车注册费用主要包括：新车上线检测缴纳的费用、拓号照相费用以及新车牌照的费用。

新车上线检测的费用一般在 100 元左右；汽车号牌一般为 100 元/副，需两副。这两项费用一般为 300 元左右。

机动车拓号照相费用一般为 38 元，行驶证工本费一般为 15 元，临时登记证书工本费一般为 10 元，临时号牌一般为 5 元，有的还要加装牌费、手续费等费用，这些费用加起来一

共 200 元左右。

结合全国各地具体情况，本书取各类车型的注册费均为 500 元。

4）补贴

根据《关于 2022 年新能源汽车推广应用财政补贴政策的通知》（财建〔2021〕466 号）中规定，2022 年新能源汽车推广补贴方案，购买 EV 补贴 1.26 万元。根据《关于开展燃料电池汽车示范应用的通知》（财建〔2020〕394 号），2021 年起燃料电池汽车采用"以奖代补"方式，对入围示范的城市群按照其目标完成情况给予奖励。

2. 使用成本

从消费者的角度来看，一辆汽车的使用成本一般包括燃料成本、养护成本、保险费用、车船使用税和路桥费等。由于使用成本属于跨期消费，引入现值分析理论，取折现率为 8%。

1）燃料成本

三类车型的能耗见表 1-1-3。GAS 能耗取各地乘用车平均燃料消耗量，6.1 L/100 km。

表 1-1-3　三类车的百公里燃料消耗量

能源类型	单位	能耗
GAS	L/100 km	6.1
EV	kW·h/100 km	14.1
FCV	kg/100 km	1.05

单位能耗的价格见表 1-1-4。当前，汽油价格为 8.5 元/L。电动汽车的充电成本以采用私人充电桩充电为基准，以居民住宅小区充电桩执行居民用电价格的合表用户电价，取 0.5 元/（kW·h）。当前氢气成本约为 30 元/kg，以后每 5 年降低 20% 左右。

表 1-1-4　三类能源价格

能源类型	单位	能耗
汽油	元/L	8.5
电力	元/（kW·h）	0.5
氢气（2022）	元/kg	30
氢气（2025）	元/kg	25
氢气（2030）	元/kg	20

关于汽车的年均行驶里程，综合各地交通运输部门发布的年度报告中的数值，取五年平均值，约为 12 100 km/年。

2）非燃料使用成本

非燃料使用成本包括维护保养成本、保险费用、车辆使用税以及路桥费（含停车费）。

在维护、保养成本方面，根据各大汽车品牌销售服务公司客户养护情况数据统计，燃油车约为 3 000 元/年，纯电动汽车约为 1 000 元/年。假定燃料电池汽车的维护保养成本与纯电动汽车相同。

保险费用则包括机动车交通事故责任强制险（"交强险"）和商业保险。"交强险"根据《机动车交通事故责任强制保险条例》采用统一费率，6 座及以下私家车 950 元/年/车；商业保险的覆盖种类较多，仅选取常规的第三者责任险、车辆损失险、不计免赔特约险三种，费率采用保险估计系统进行计算。

在车船使用税方面，根据财政部相关通知，汽油车为 500 元左右。但为节约能源，鼓励使用新能源，我国对节能汽车减半征收车船税，对新能源汽车免征车船税。假定 2025 年纯电动汽车征收 75%，燃料电池汽车减半征收；2030 年纯电动汽车不再减免，燃料电池汽车征收 75%。

在路桥费方面，综合各地交通运输部门发布的年度报告中的数值，约为 900 元/年。

3. 对比分析

综合考虑初始成本和使用成本，估算在 2022 年、2025 年和 2030 年的成本条件下，不同使用年限的三种不同能源车型全生命周期总保有成本。

2022 年，EV 全生命周期的使用成本将低于汽油乘用车，并且保有年限越长，节省的成本越多；因燃料电池汽车政策调整，故 FCV 的总保有成本或将与汽油乘用车相当或略低于汽油乘用车。

在 2025 年，EV 全生命周期的使用成本将低于汽油乘用车，并且保有年限越长，节省的成本还将进一步加大；若政策不变，FCV 在保有年限超过一段时间之后，其生命周期总成本预计将会低于汽油乘用车。

到 2030 年，EV 和 FCV 全生命周期的使用成本或将都低于汽油乘用车，并且保有年限越长，节省的成本越多。

三、燃料电池汽车在我国汽车产业发展中的定位

我国高度重视燃料电池汽车技术研发。早在"十五"期间，国家科技部就启动实施了电动汽车重大科技专项，确立"三纵三横"研发布局，燃料电池汽车作为"三纵"之一得到重点研发部署，并在"十一五""十二五""十三五"期间持续进行科技攻关，在燃料电池汽车用电堆、双极板、膜电极、空气压缩机、储氢瓶等领域均进行了布局研发。

2015 年 5 月，《中国制造 2025》国家行动纲领发布，这是我国部署全面推进实施制造强国的战略文件，是实施制造强国战略第一个十年的行动纲领。其主要战略任务就是要提高国家制造业创新能力，强化工业基础，全面推行绿色制造，大力推动包括节能与新能源汽车领域在内的十大重点领域突破发展。

2020 年 9 月，财政部等四部委下发《关于开展燃料电池汽车示范应用的通知》，明确氢能及燃料电池是国家产业发展战略，示范成熟后要向全国推行。今后将对燃料电池汽车的购置补贴政策，调整为对燃料电池汽车示范应用支持政策，对符合条件的城市群开展燃料电池汽车关键核心技术产业化攻关和示范应用给予奖励，形成布局合理、各有侧重、协同推进的燃料电池汽车发展新模式。示范期暂定为四年，示范期间五部门将采取"以奖代补"方式，对入围示范的城市群按照其目标完成情况给予奖励，奖励资金由地方和企业统筹用于燃料电

池汽车关键核心技术产业化、人才引进及团队建设，以及新车型、新技术的示范应用等。相比于日、韩、欧、美等国家，我国在氢能及燃料电池技术、核心材料、装备重大工程等方面有很大的发展空间。

2020年10月，《节能与新能源汽车技术路线图2.0》发布，明确表示将发展氢燃料电池商用车作为整个氢能燃料电池行业的突破口，以客车和城市物流车为切入领域，重点在可再生能源制氢和工业副产氢丰富的区域推广中大型客车、物流车，逐步推广至载重量大、长距离的中重卡车、牵引车、港口拖车及乘用车等领域。一系列政策规划及产业技术路线的发布，我国燃料电池汽车产业即将迎来快速增长期。

2020年11月发布的《新能源汽车产业发展规划（2021—2035年）》，进一步明确要强化整车集成技术创新，并以纯电动汽车、插电式混合动力（含增程式）汽车、燃料电池汽车为"三纵"，布局整车技术创新链。

"十四五"时期，科技部将进一步做好氢能及燃料电池技术研发部署顶层设计，持续加大国家资金投入，进一步调动企业积极性，加快关键核心技术取得实质性突破，为我国在该技术领域追赶世界先进水平提供强有力的技术支撑。

可见，在氢能成为国家战略能源后，国家将发展燃料电池汽车作为我国技术创新的重要推手、重点载体和重要方向。发展氢能产业，不仅可促使我国减少油气对外的依赖，提高能源安全水平，减少大气污染排放，改善生态环境，建设清洁时代美好家园，还能带动能源科技创新、能源结构调整、能源体系变革和可再生资源高效开发利用，对我国能源体系的高质量发展、高能耗产业清洁转型、高端装备制造以及汽车等产业创新发展都具有重大的战略意义。

拓展学习

一、节能与新能源汽车技术路线图

1. 节能与新能源汽车技术路线图1.0

2016年10月26日，在2016中国汽车工程学会年会上，《节能与新能源汽车技术路线图》（简称《1.0版路线图》）发布，这是当时新能源汽车最新政策。《1.0版路线图》勾画的我国汽车发展总目标为：汽车产业碳排放总量先于国家承诺和产业规模，在2028年率先达到峰值；新能源汽车逐渐成为主流产品，汽车产业初步实现电动化转型；智能网联技术产生一系列原创性科技成果，并有效普及应用；技术创新体系基本成熟，持续创新能力具备国际竞争力。《1.0版路线图》设定的发展方向和路径选择是：紧抓战略机遇，以新能源汽车和智能网联汽车为主要突破口，以能源动力系统升级转型为重点，以智能化水平提升为主线，以先进制造和轻量化等共性技术为支撑，全面推进汽车产业的低碳化、信息化、智能化和高品质。

《1.0版路线图》旨在提出实现《中国制造2025》中汽车强国目标的具体路径和措施；识别未来15年汽车产业技术发展方向、关键技术及其优先程度；研究提出政府和产业界联合推动汽车产业技术创新的框架，促进新技术研发和应用；编制汽车行业细分领域的技术路线图，引导创新资源的优化配置，为相关企业开展技术活动提供指引。

2. 节能与新能源汽车技术路线图2.0

2020年10月27日，由工业和信息化部指导、中国汽车工程学会组织全行业1000余名专家历时一年半修订编制的《节能与新能源汽车技术路线图2.0》（简称《2.0版路线图》）在2020中国汽车工程学会年会暨展览会上正式发布。

《2.0版路线图》进一步研究确认了全球汽车技术"低碳化、信息化、智能化"发展方向，客观评估了技术路线图1.0发布以来的技术进展和短板，深入分析了新时代赋予汽车产业的新使命、新需求，进一步全面描绘了汽车产品品质不断提高、核心环节安全可控、汽车产业可持续发展、新型产业生态构建完成、汽车强国战略目标全面实现的产业发展愿景，提出了面向2035年我国汽车产业发展的六大目标，即：我国汽车产业碳排放将于2028年先于国家碳减排承诺提前达峰，至2035年，碳排放总量较峰值下降20%以上；新能源汽车将逐渐成为主流产品，汽车产业基本实现电动化转型；智能网联汽车产业生态持续优化，产品大规模应用；关键核心技术水平显著提升，形成协同高效、安全可控的产业链；建立汽车智慧出行体系，形成汽车、交通、能源、城市深度融合生态；技术创新体系基本成熟，具备引领全球的原始创新能力。

《2.0版路线图》还科学规划了"1+9"的技术路线图，即1个总体技术路线图和9个细分领域路线图——节能汽车、纯电动和插电式混合动力汽车、燃料电池汽车、智能网联汽车、汽车智能制造与关键装备、汽车动力电池、新能源汽车电驱动总成系统、充电基础设施、汽车轻量化9个细分领域技术路线图。

《2.0版路线图》对智能网联汽车予以重点布局，深化完善了"三横两纵"的技术架构，涵盖了车辆关键技术、信息交互关键技术和基础支撑关键技术（"三横"），以及车载平台和基础设施（"两纵"）等方面。预计到2025年高度自动驾驶智能网联汽车开始切入市场；2030年高度自动驾驶在高速公路上广泛应用，在部分城市道路规模化应用；2035年高度自动驾驶和完全自动驾驶的智能网联汽车将具备与其他交通参与者间的网联协同决策与控制能力，各类网联式自动驾驶车辆广泛运行在国内广大地区。

二、新能源汽车产业发展规划

1. 新能源汽车产业发展规划（2012—2020年）

2012年6月28日，《节能与新能源汽车产业发展规划（2012—2020）》（简称《1.0版规划》）发布实施。这是以国务院名义批准印发的关于汽车工业发展的重要规划，也是贯彻落实国务院关于加快培育和发展战略性新兴产业、加强节能减排工作和推动工业转型升级的重要工作部署。

《1.0版规划》的指导思想，是根据立足国情、依托产业基础、按照市场导向、创新驱动、重点突破、协调发展的要求，发挥企业主体作用。《1.0版规划》不仅明确了近十年来我国新能源汽车发展的总体目标和阶段目标，并且对新能源汽车的发展路线以及扶持政策也提出了明确的要求。

2. 新能源汽车产业发展规划（2021—2035年）

2020年11月2日，国务院办公厅发布《新能源汽车产业发展规划（2021—2035年）》（简称《2.0版规划》），这是继《1.0版规划》后我国关于新能源汽车产业的又一纲领性文

件，明确了中国新能源汽车发展的愿景和相应部署。

《2.0版规划》提出：要推动充换电、加氢等基础设施科学布局，加快建设，对作为公共设施的充电桩建设给予财政支持。在"加快充换电基础设施建设"部分，《2.0版规划》对不同场景下充换电技术的选择进行了引导，并补充要"加强与城乡建设规划、电网规划及物业管理、城市停车等的统筹协调"。《2.0版规划》还明确：鼓励开展换电模式应用，加强智能有序充电、大功率充电、无线充电等新型充电技术研发，提高充电的便利性和产品的可靠性。值得一提的是，新型技术中增加了"无线充电"技术。

中国新能源汽车产销量连续五年居全球首位，但仍然存在着关键核心技术创新能力不强、基础设施建设滞后、服务模式有待创新完善以及产业生态尚不健全等突出问题。与此同时，全球新一轮科技革命和产业变革加剧，汽车与信息通信、能源等领域加速融合。为了迎接挑战、抓住机遇，《2.0版规划》提出了5项战略任务：提高技术创新能力、构建新型产业生态、推动产业融合发展、完善基础设施体系、深化开放合作。

任务三　全生命周期能源消耗与环境影响分析

1. 理解燃料电池汽车全生命周期能耗与环境分析的方法；
2. 了解氢气制取的途径；
3. 了解不同氢气制取途径下燃料电池汽车全生命周期内的能耗和排放情况。

引导问题

　　氢燃料电池是利用铂金等催化剂让氢气和氧气发生化学反应生产电能，氢燃料电池汽车就是利用这种方式产生的电能驱动汽车前行的。由于氢气和氧气发生化学反应产生电能后的生成物是水，因此氢燃料电池有环境无污染、运行无噪声、发电效率高等优点，氢燃料电池汽车也被认为是未来汽车的发展方向。然而，这么多优点的氢燃料电池汽车为什么目前还无法快速普及呢？如何来分析它从原材料到车辆成品，再到使用报废全过程中的能耗和环境影响呢？

任务工单

任务名称	全生命周期能源消耗与环境影响分析	班级		日期	
小组成员		组号		组长	
实训教室		设备		课时	
任务描述	基于社会大众视角，分析从上游的原料生产、加工、制造，到氢气的制取、运输、储存，再到下游的消费者使用这一车辆全生命周期中，燃料电池汽车的能源消耗和对环境的影响情况，并由此了解氢燃料电池汽车燃料（氢气）制取的各种途径。				
学习目标	**一、总目标** 1. 了解社会大众视角下车辆全生命周期的组成阶段； 2. 了解燃料电池汽车全生命周期能耗与环境分析的方法； 3. 分析不同来源途径下燃料电池汽车能耗和环境的影响情况； 4. 理解氢气制取的途径。 **二、专业能力目标** 1. 能够说明社会大众视角下氢燃料电池汽车全生命周期的组成； 2. 能够分析不同氢气制取途径下燃料电池车辆的运行能耗； 3. 能够分析燃料电池乘用车、公交车的全生命周期能耗和环境影响。				

职业能力一　分析发展氢燃料电池汽车的优势

学习目标	**三、方法能力目标** 1. 能够通过网络或实地调研搜集所需的基础数据； 2. 能够借助常用办公软件录入数据计算能耗； 3. 能够根据分析结果形成建议报告。 **四、社会能力目标** 1. 能够组织小组成员开展能耗分析所需的任务分配与布置； 2. 能够与小组成员一起协作搜集所需数据； 3. 能够较清晰地表述能耗分析结果； 4. 能够根据分析结果理解我国燃料电池汽车的规划布局。
资讯收集	1. 开展社会大众视角下车辆全生命周期能耗和环境影响的分析，应包括对车辆哪些阶段的分析？ 2. 当前，氢气一般有哪些制取途径？ 3. 社会大众视角下，如何分析不同用途燃料电池汽车的全生命周期能耗和环境影响？ 4. 如何依据分析结果来理解我国燃料电池汽车的发展规划？

决策与计划	请根据任务要求，制定任务实施计划，确定所需要的检测仪器、工具，并对小组成员进行合理分工。 1. 需要的检测仪器、工具或设备 _____ 。 2. 小组成员分工 _____ _____ 。 3. 实施计划 _____ _____ 。
实施	根据任务要求填写实施方案或操作步骤。

检查与评估	评价指标		组内自评	组间互评	教师评价
	方法能力 和社会能力 （__%）	劳动态度（__分）			
		工作纪律（__分）			
		安全操作（__分）			
		环境保护（__分）			
		团队协作（__分）			
	专业能力 （__%）	任务方案（__分）			
		实施步骤（__分）			
		完成结果（__分）			
		任务工单完成（__分）			
	合计得分				
	本次最终得分（组内自评__% + 组间互评__% +教师评价__%）				

一、分析方法和数据来源

1. 方法与模型

本书采用美国阿贡国家实验室（ANL）开发的 GREET2016 模型进行燃料生命周期能源消耗和温室气体排放及污染物排放的模拟。在 GREET2016 模型中，车用燃料生命周期（WTW）的分析包括原料、燃料和车辆运行三个阶段。原料和燃料阶段合称为 WTP 阶段（Well－to－Pump，矿井到加油站，即上游阶段），车辆运行阶段称为 PTW 阶段（Pump－to－Wheels，加油站到车轮，即下游阶段）。

2. 制氢路径分析

目前，典型的氢气制取路径有工业副产品的焦炉煤气制氢、天然气重整制氢、水电解制氢以及可再生能源（如风电和太阳能等）电解水制氢等，其他的制氢方式还包括生物质暗发酵制氢、固体氧化物电解制氢、生物高温裂解油重整制氢等非化石能源的天然气重整制氢。

通过调研氢能制取技术并考虑国内现有的制氢路径，本书选用工业副产的焦炉煤气制氢、天然气重整制氢、水电解制氢以及太阳能电解水制氢等途径的制氢来分析燃料电池汽车对能耗和环境的影响。储存和运输方式包括集中式制氢－液氢货车运输和加氢站制氢两种方式，加氢方式则考虑 70 MPa 的储氢瓶加氢，见表 1－1－5。

表 1－1－5　分析所用的制氢路径

制氢路径	制氢原料	制氢方式	运输方式	加氢方式
焦炉煤气制氢	焦炉煤气	集中式	液态，卡车	70 MPa
集中式天然气重整制氢	天然气	集中式	液态，卡车	70 MPa
加氢站天然气重整制氢	天然气	加氢站式	气态，不运输	70 MPa
水电解制氢	水	加氢站式	气态，不运输	70 MPa
太阳能电解水制氢	水	加氢站式	气态，不运输	70 MPa

其中，水电解制氢所用电网电力来源设为由全国平均电力构成。根据中国电力企业联合会发布的《2021—2022 年度全国电力供需形势分析预测报告》，截至 2021 年年底，全国煤电装机容量 11.1 亿 kW，水电装机容量 3.9 亿 kW，核电 5 326 万 kW，风电 3.3 亿 kW，太阳能发电装机 3.1 亿 kW。具体的发电结构如图 1－1－4 所示。

3. 车辆运行阶段能耗分析

（1）传统汽油乘用车、电动和燃料电池乘用车运行阶段能耗比较。

目前，我国市场上并没有与纯电动汽车相当规模的燃料电池乘用车。本田、现代和丰田均有车型在海外市场销售，本书采用海外市场对这三个品牌下燃料电池汽车车型的能耗评估结果的平均值，即 1.0 kg/100 km。

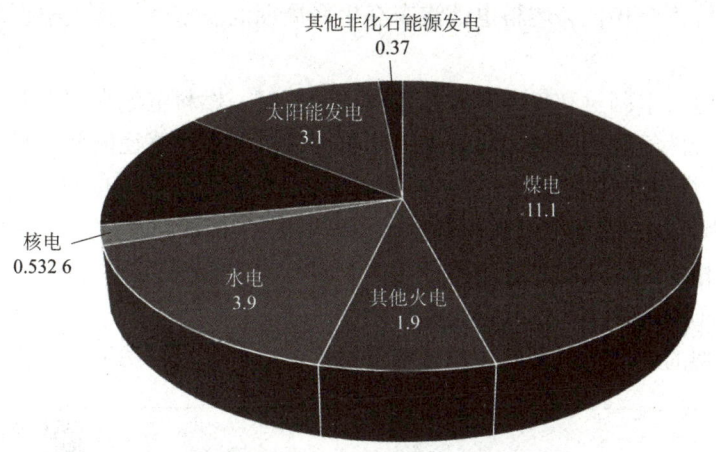

图 1-1-4　2021 年全国平均电力构成（数据来源：中电联，单位：亿 kW）

对于传统汽油乘用车，本书采用 2020 年的新车燃油经济性数据。2020 年 7 月，工信部、发改委、商务部、海关总署及质检总局发布的《关于 2020 年度中国乘用车企业平均燃料消耗量核算情况的公告》指出，2020 年我国乘用车行业平均燃料消耗量实际值为 5.61 L/100 km。电动汽车的能耗采用 2021 年销量前四位的车型，按照销量加权平均计算，结果为 14.5 kW·h/100 km。

（2）传统柴油公交车、电动和燃料电池公交车运行阶段能耗比较。

目前我国已按"以奖代补"政策开展燃料电池汽车示范应用，没有较统一的渠道发布相关能耗数据。美国可再生能源国家实验室 2009—2018 年分别对美国运行的燃料电池公交车的情况进行了评估，评估方式是将燃料电池公交车与同工况下运行的传统燃油车或天然气公交车进行比较。三种能源类型的公交车运行阶段能耗见表 1-1-6。

表 1-1-6　三种能源类型的公交车运行阶段能耗

公交车能源类型	百公里能耗
传统柴油车	55 L
纯电动公交车	120 kW·h
氢燃料电池公交车	10.1 kg

二、燃料电池汽车生命周期能耗和排放分析

采用燃料生命周期的分析方法，基于 GREET2016 模型模拟单车燃料生命周期的能源消耗及温室气体排放情况，对比分析基于不同制氢路径的燃料电池汽车与传统汽油车在节能和减排效益方面的差异。其中，电解水制氢路径分析基于前述全国发电结构和太阳能制氢两种情景；天然气重整制氢路径分析集中式制氢和场站内制氢两种方式；工业副产氢路径分析焦炉煤气制氢。

1. 燃料电池乘用车生命周期能耗和温室气体排放分析

燃料电池汽车在车辆运行阶段实现了零排放，其全生命周期的温室气体排放主要集中在

上游阶段。与传统汽车相比，燃料电池汽车全生命周期的温室气体排放根据制氢路径的不同会有很大差异。

当氢气来自电解水制氢和集中式天然气重整制氢时，燃料电池乘用车并没有体现出减排优势；加氢站内天然气重整制氢和焦炉煤气制氢两种氢气生产路径能使燃料电池汽车分别减排18%和33%；煤制氢则增加了32.7%的温室气体排放；利用电网电解水制氢将增加120%的温室气体排放；太阳能电解水制氢生命周期内的温室气体实现了零排放。

与电动汽车相比，除太阳能电解水制氢外，焦炉煤气制氢可以节能11%，其他氢能来源的燃料电池汽车均无温室气体减排优势。

不同能源类型的乘用车生命周期能耗和温室气体排放分析如图1-1-5所示。

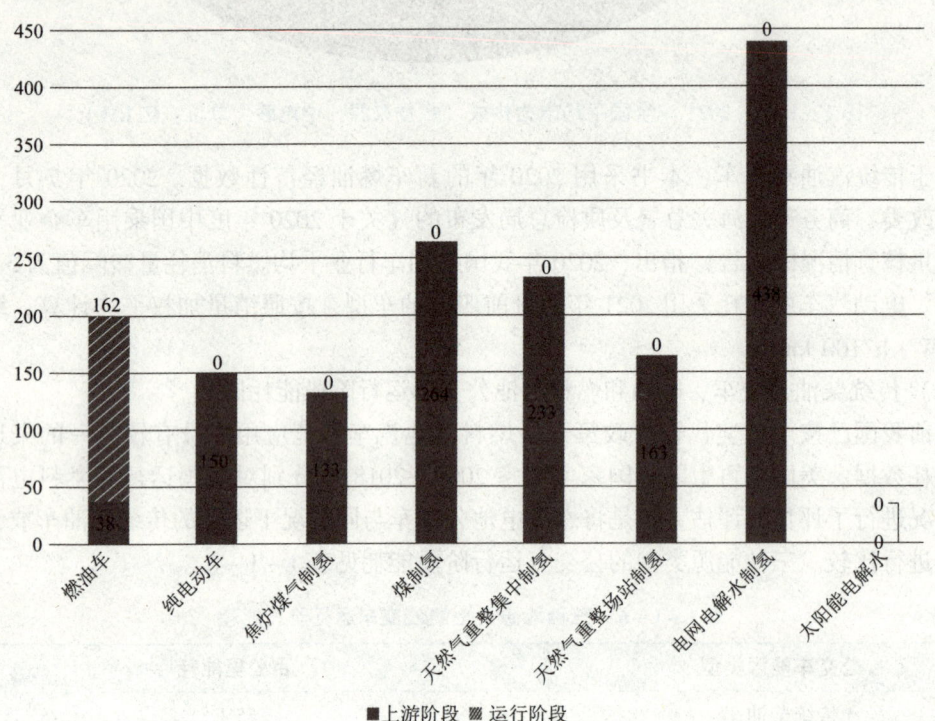

图1-1-5　不同能源类型的乘用车生命周期能耗和温室气体排放（单位：$g（CO_2）/km$）

2. 燃料电池公交车生命周期能耗和温室气体排放分析

在生命周期内的温室气体排放方面，与传统柴油公交车相比，氢能来源为焦炉煤气制氢、集中式天然气重整制氢和加氢站天然气重整制氢的燃料电池公交车，分别减排49%、10%和37%；若直接用电网电解水制氢将增加69%的温室气体排放；而采用太阳能电解水制氢，燃料电池汽车可以实现温室气体的零放量。与电动车相比，除太阳能电解水制氢外，焦炉煤气制氢将进一步减排14%的温室气体，如图1-1-6所示。

在其他常规大气污染物减排方面，燃料电池汽车也有明显的减排优势。由于VOC（挥发性有机化合物）和CO这两种污染物的排放主要来自车辆运行阶段，故燃料电池汽车可以大幅削减其排放量。对于NO_x和PM两种污染物，其减排效果则不如VOC和CO明显。

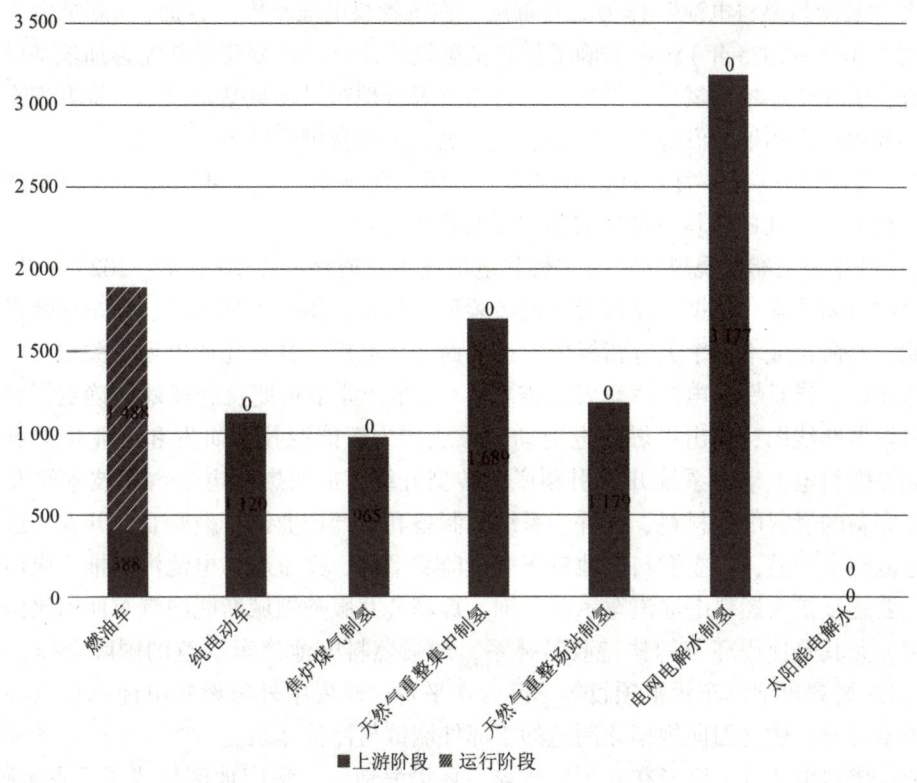

图 1-1-6　不同氢能生产路径下，公交车的温室气体减排效益（单位：g（CO₂）/km）

图例：■ 上游阶段　▨ 运行阶段

3. 总结与建议

从上游氢能来源来看，在目前我国的发电结构下，电解水制氢用于燃料电池汽车，与传统汽油车相比并不具有节能和减排优势，但是在可再生电力比较丰富的地区利用电解水制氢驱动燃料电池汽车将带来节能和减排优势；未来随着电力系统的清洁化发展，电解水制氢路径也会带来一定的减排效益，而太阳能电解水制氢将使燃料电池汽车实现全生命周期的零温室气体排放和零化石能源消耗。与此同时，焦炉煤气制氢、天然气重整制氢路径都将使燃料电池汽车具有节能和减排效益。本书尚未涉及生物制氢、垃圾填埋气制氢等可再生能源制氢路径。

从车辆运行阶段来看，相对于传统汽车，燃料电池公交车将带来更大的节能减排效益。但是考虑到目前车型以及运行工况限制等因素，运行阶段的能耗仍具有一定的不确定性。

三、我国燃料电池汽车发展规划

由上述分析可知，应用推广燃料电池汽车，一方面可以减少车用化石能源消耗，这将有利于降低我国石油对外的依存度；另一方面可以减少车辆运行阶段的温室气体排放，对改善城市空气质量也具有重要意义。

近年来，氢能作为潜在新兴能源，逐步进入中央和地方政府中长期规划的视野。在《中国制造 2025》《能源技术革命创新行动计划（2016—2030 年）》《新能源汽车产业发展规划（2021—2035 年）》《"十三五"国家战略性新兴产业发展规划》等多个国家规划中，明

确提出将"氢能与燃料电池"作为战略重点。在氢燃料电池车推广方面，《新能源汽车产业发展规划（2021—2035年）》还明确了加氢基础设施建设，计划建立并完善加氢基础设施的管理规范，引导企业根据氢燃料供给、消费需求等合理布局加氢基础设施，提升安全运行水平，支持利用现有场地和设施，开展油、气、氢、电综合供给服务。

其实，早在2017年4月6日，由国家工信部、发改委和科技部印发的《汽车产业中长期发展规划》就对我国燃料电池发展做出了明确的规划。

《汽车产业中长期发展规划》确定燃料电池技术发展路线以2020年、2025年及2030年为三个关键时间节点，依据产品研发—制造验证—批量应用的规划思路，使车用燃料电池电堆的性能、寿命、成本三个关键指标依次达到商业化要求，并且完成电堆及关键材料的批量制造能力建设，满足燃料电池汽车发展需求。《汽车产业中长期发展规划》确定了我国燃料电池技术发展路线图，提出以燃料电池动力系统作为新能源技术研发和产业化重点突破领域，明确以燃料电池动力系统开发引领产业转型升级，加快燃料电池汽车技术研发及产业化；建立完备的燃料电池材料、部件、系统的制备和生产产业链，鼓励企业开发先进、适用的燃料电池整车产品，建立燃料电池汽车安全监测平台，完善燃料电池汽车推广应用扶持政策体系；要逐步扩大燃料电池汽车示范范围，提高公共服务领域新能源汽车使用比例，完善推广应用，尤其是使用环节的扶持政策体系，加强燃料电池汽车示范的国际合作，利用好UNDP\GEF燃料电池汽车示范项目等国际合作平台，开展中外氢燃料电池汽车核心部件技术指标评鉴研究，建立面向规模化制造的零部件测试与评价体系。

目前，燃料电池汽车已经在我国京津冀、环渤海地区、华南地区形成了重点示范区域，并具有示范拓展趋势。2021年9月，我国首批三个燃料电池汽车示范城市群落地，分别由北京市、上海市和广东省佛山市牵头。在2022—2025年的示范期中，五部委将根据燃料电池汽车推广应用、关键零部件研发产业化和氢能供应三部分对示范应用进行积分考核，并以考核结果进行"奖惩扣罚"。随着各城市群相关规划和实施方案的落地，氢燃料电池汽车示范城市群将整合优势企业合作，促进氢能汽车产业逐步形成规模效应。

拓展学习

一、美国阿贡国家实验室与GREET模型

1. 简介

美国阿贡国家实验室（Argonne National Laboratory，ANL，简称"阿贡"）是美国政府最早建立的国家实验室，也是美国最大的科学与工程研究实验室之一（在美国中西部为最大）。

2. 研究领域

阿贡实验室有四个主要的研究领域：计算、环境与生命科学，能源与全球安全，光子科学以及物理科学与工程。

阿贡也谋求解决许多科学挑战，包括材料科学、物理、化学、生物学、生命和环境科学、高能物理、数学和计算科学，以及高性能计算方面的实验和理论工作。阿贡的研究为社会带来了价值，也为未来的技术突破打下了基础。

3. GREET 模型

GREET（The Greenhouse gases, Regulated Emissions, and Energy use in Transportation，温室气体，管制排放和运输中的能源使用）是美国阿贡国家实验室开发的一个通用、透明平台，可对主要运输部门（例如公路、航空、海运和铁路）中各种运输燃料与车辆技术的能源和环境影响进行生命周期分析。

车辆技术包括传统的内燃机、混合动力系统、纯电动车辆和燃料电池电动车辆。燃料/能源选择包括石油燃料、天然气基燃料、生物燃料、氢和电。使用 GREET 平台进行的全生命周期分析允许选择不同的燃料、车辆材料及其生产路径以及替代性车辆利用率。

二、加氢站

加氢站为燃料电池汽车及其他氢能利用装置提供氢气加注服务，是氢能产业化、商业化的重要基础设施。由于氢气具有高压、易燃、易爆特性，一旦发生火灾或爆炸事故，将会带来巨大的经济损失甚至人员伤亡。因此，必须高度重视加氢站本质安全。截至 2022 年 4 月，全国 20 多个省份已发布氢能规划和指导意见共计 200 余份，累计建成加氢站超过 250 座，约占全球数量的 40%，加氢站数量位居世界第一。

1. 加氢站分类

按照氢气来源分，加氢站可分为外供氢和站内制氢；按加注压力分，可分为 35 MPa、70 MPa；按照是否可移动分，可分为固定式、撬装式、移动式；按照储氢方式分，则可分为气氢、液氢、固态储氢和其他类别。

2. 储氢方式

储氢方式一般分为化学储氢（有机液体储氢）、物理储氢、吸附（固态）储氢。物理储氢包括高压气态储氢和液态储氢。

3. 加氢工艺

不同氢源的加氢站示意简图如图 1-1-7 所示。目前加氢站一般采用长管拖车外供及高压储存氢气，工艺流程如图 1-1-8 所示。

4. 氢气加注

加氢机由质量流量计、液晶显示屏、顺序控制系统、加气软管、加氢枪、防拉脱装置和安全保护系统等部分组成。其整机防爆等级为 IIC T4，通常加氢流量 <3.6 kg/min。加注协议一般采用 SAE J2601，加注压力一般为 35 MPa 和 70 MPa。相比 35 MPa 氢气加注，在 70 MPa 条件下氢气加注需满足更高要求，参照 SAEJ 2601 标准，氢气在加注前需要预冷却，最低冷却至 -40 ℃。此外，加氢站还须配备制冷机和换热器。

5. 建设国标

近年来，我国氢能发展速度较快，为规范加氢站发展，国家相继出台了一系列标准（见表 1-1-7），有效保障了加氢行业发展。

职业能力一

分析发展氢燃料电池汽车的优势

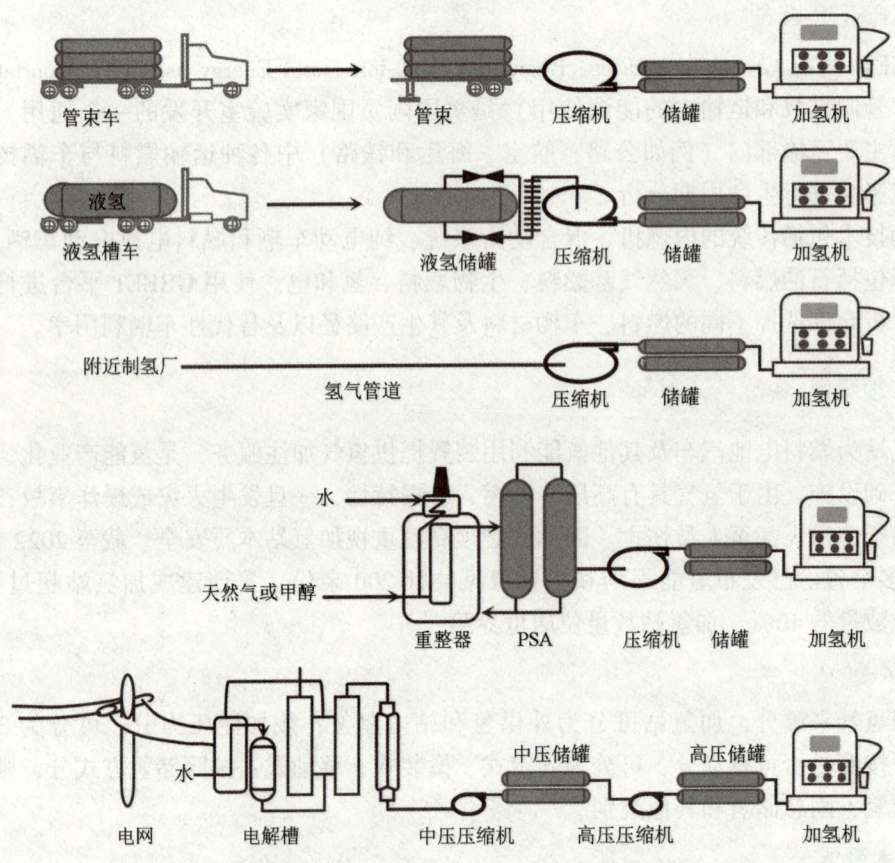

图 1-1-7　不同氢源加氢站示意简图

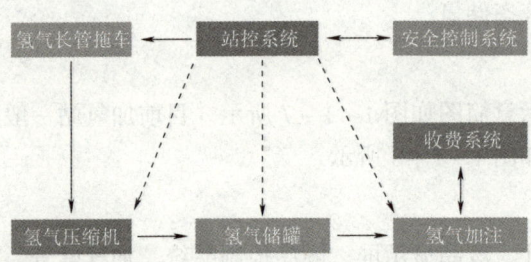

图 1-1-8　当前典型加氢站工艺示意图

表 1-1-7　加氢站相关标准列表

标准名称	标准号
《氢气站设计规范》	GB 50177—2005
《加氢站技术规范》	GB 50516—2010
《汽车加油加气站设计与施工规范》	GB 50156—2012
《加氢站安全技术规范》	GB/T 34584—2017
《氢气使用安全技术规程》	GB 4962—2008

续表

标准名称	标准号
《加氢站用储氢装置安全技术要求》	GB/T 34583—2017
《氢能车辆加氢设施安全运行管理规程》	GB/Z 34541—2017
《氢气、氢能与氢能系统术语》	GB/T 24499—2009
《固定式高压储氢用钢带错绕式容器》	GB/T 26466—2011
《氢系统安全的基本要求》	GB/T 29729—2013
《质子交换膜燃料电池汽车用燃料氢气》	GB/T 37244—2018

项目二 发展燃料电池汽车的原因分析

任务一 分析发展燃料电池汽车对建立终极交通出行方案的推动作用

学习目标

1. 掌握发展燃料电池汽车对交通出行方案的推动作用；
2. 理解将氢燃料电池装配到智能网联汽车上的独特优势。

引导问题

　　这几年，有件事情一直困扰着李主任。李主任单位距离居住地有 40 min 车程，如果不堵车，他开车 1 h 以内可以到达。但每天上下班的时候刚好会赶上早晚出行高峰，遭遇堵车，有时一个必经路口要拥堵 20 min 左右才能通过。李主任想，本来不堵车，燃烧掉的汽油大部分就都只用在搬运车辆上。因为自己相对汽车重量比较小，加上内燃机效率本来就不高，如果在拥堵时空烧 20 min 燃油而没有移动车辆，那么燃烧掉的燃油真正用在自己位置变化（到单位或住地）上的就少之又少了。这不仅没有方便出行，还白白增加了燃油消耗和空气污染，有些得不偿失。为此，李主任想换成搭乘公交车出行，但因两地距离较长，没有直达公交车，如果选择公交出行，李主任在中间需要换乘一次，换乘点是一个公交枢纽站，该枢纽专门配建了一个加油站，也可以加氢。换乘一次会增加等候公交的时间，加上公交车途经站点比较多，行驶的时间本来就很长，所以李主任乘坐公交车出行耗时几乎是自己开车的两倍，李主任觉得出行效率太低。如果换成纯电动轿车出行，李主任又担心工作太忙，没办法及时充电而影响出行。针对李主任的担忧，你有什么更好的出行方案可以推荐给李主任，消除李主任的困扰吗？

任务工单

任务名称	分析发展燃料电池汽车对建立终极交通出行方案的推动作用	班级		日期	
小组成员		组号		组长	
实训教室		设备		课时	
任务描述	回顾燃料电池汽车的总拥有成本趋势和对环境的影响优势，结合氢燃料的能源效率，分析发展燃料电池汽车对建立终极交通出行方案的推动作用。根据智能网联汽车运行耗电情况，分析以燃料电池汽车为本体来开发智能网联汽车的独特优势。				

学习目标	**一、总目标** 　1. 结合燃料电池汽车的优势分析发展燃料电池汽车对建立终极交通出行方案的推动作用； 　2. 理解以燃料电池汽车开发智能网联汽车的优势。 **二、专业能力目标** 　1. 能够分析燃料电池汽车对终极交通出行方案建立的推动作用； 　2. 能够理解以燃料电池汽车开发智能网联汽车的优势。 **三、方法能力目标** 　1. 能够借助网络检索有关燃料电池汽车优势的内容； 　2. 能够通过燃料电池汽车的优势来分析燃料电池汽车对终极交通出行方案的推动作用； 　3. 能够根据智能网联汽车的特点来分析以燃料电池汽车开发智能网联汽车的优势。 **四、社会能力目标** 　1. 能够开展协作研讨与分析； 　2. 能够表达说明燃料电池汽车在推动终极交通出行方案中的优势； 　3. 能够理解"每个人对产业发展贡献一小步，可以汇聚成技术创新一大步"。
资讯收集	1. 相比传统汽车，燃料电池汽车有哪些优势？ 　2. 为什么说燃料电池汽车有助于推动终极交通出行方案的建立？ 　3. 以燃料电池汽车为本体来发展智能网联汽车有什么优势？

决策与计划	请根据任务要求，制定任务实施计划，确定所需要的检测仪器、工具，并对小组成员进行合理分工。 1. 需要的检测仪器、工具或设备 _____ 。 2. 小组成员分工 _____ 。 3. 实施计划 _____ 。
实施	根据任务要求填写实施方案或操作步骤。

检查与评估	评价指标		组内自评	组间互评	教师评价
	方法能力和社会能力（__%）	劳动态度（__分）			
		工作纪律（__分）			
		安全操作（__分）			
		环境保护（__分）			
		团队协作（__分）			
	专业能力（__%）	任务方案（__分）			
		实施步骤（__分）			
		完成结果（__分）			
		任务工单完成（__分）			
	合计得分				
	本次最终得分（组内自评__% +组间互评__% +教师评价__%）				

一、TCO 成本比其他能源类型汽车有优势

根据前述"全生命周期成本对比分析"的任务实施可知，若是购置乘用车，FCV 在保有年限大于或等于 9 年时（2025 年购置），其使用期间总成本将低于汽油乘用车。若再推迟购车时间，FCV 全生命周期的使用成本优势将更加明显，并且保有年限越长，节省的成本越多。此外，考虑到政策变化，其实际减小的幅度可能比预计还要快很多。若是购置物流车，综合考虑购置成本和使用成本，预计到 2030 年，燃料电池物流车生命周期总成本比柴油车低 23%；若是购置公交车，综合考虑购置成本和使用成本，预计到 2030 年，燃料电池公交车总保有成本相比柴油车低 11%。

在报废阶段，与电动车相比，氢燃料汽车生产及报废过程中的温室气体排放少，同时对环境有害重金属材料的使用量也更少。燃料电池汽车在报废阶段，无论是二次使用还是回收都有非常高的经济价值。而电动车在回收与利用方面仍有很多困难需要克服。

二、能源效率与环境影响的优势

由前述"全生命周期能源消耗与环境影响分析"的任务实施可知，在可再生电力比较丰富的地区，利用电解水制氢驱动燃料电池汽车将带来节能和减排优势；未来随着电力系统的清洁化发展，电解水制氢路径也会带来一定的减排效益；而太阳能电解水制氢将使燃料电池汽车实现全生命周期的零温室气体排放和零石化能源消耗。与此同时，焦炉煤气制氢、天然气重整制氢路径都将使燃料电池汽车具有节能和减排效益。从车辆运行阶段来看，相对于传统汽车，燃料电池公交车将带来更大的节能减排效益。但是考虑到目前车型以及运行工况限制等因素，运行阶段的能耗仍具有一定的不确定性。

当前，燃料电池汽车在高能耗场景已显示出明显的优势。

1. 对比公交车

氢燃料电池公交车排放的是水而非二氧化碳，不会造成大气污染；传统燃油公交车起动后，发动机、排气系统会源源不断地产生噪声，而使用氢燃料电池的公交车在行驶过程中，只能听到细微的电磁噪声，噪声很小；氢燃料电池公交车上只有制动器和加速踏板，中途不需要换挡，要比传统燃油公交车操作更方便。根据测算，一辆氢燃料电池公交车在空载情况下，每百公里消耗 5 kg 氢气；在满载情况下，每百公里消耗 7 kg 氢气。按照氢气 20 元/kg 的价格计算，氢燃料电池公交车每百公里消耗能源成本要低于传统燃油公交车。

对比目前市面上的纯电动公交车，氢燃料电池公交车补能更快、续航更长。纯电动公交车充满电一般需要 1~2 h（快充方式），而氢燃料电池公交车补充氢燃料只需要十几分钟。在续航里程上，一辆满电的纯电动公交车根据不同车型一般可以行驶 70~300 km，而氢燃料电池公交车的续航里程可达 300~500 km。氢燃料还可以实现 -40 ℃储存、-30 ℃低温起动，满足城市公交使用的各种工况。

氢能源公交车的氢燃料能量转化过程并不涉及燃烧，无机械损耗，能量转化率高，产物

仅为电、热和水蒸气，无其他污染性排放物存在。氢能源公交车运行平稳，几乎没有振动和噪声，对降低城市大气污染、改善城市环境和降低能源消耗有着重大意义。氢燃料电池公交车具有加氢快、容量大、零排放、无污染、更纯净的特点，在长距离、负载高、低温运行等方面比纯电动车型更具优势。

2. 重卡与氢燃料电池是绝配

根据生态环境部发布的数据，汽车是移动源污染排放的主要贡献者。而在汽车中，载重量大、行驶里程长的中重型卡车，又是占据车辆尾气污染排放量的"大头"。特别是在港口、码头、工业园区等特殊区域，重型柴油车密集，尾气排放对雾霾颗粒物的贡献达到77.8%以上。由于纯电动重卡续驶里程较短、充电时间较长，导致相关市场推广并不十分理想，即便是采用换电模式减少充电时间，但是也只能在换电站辐射的作业半径内进行运输作业，而提升续航里程意味着要增加电池重量，这将使车辆载重量降低，这都大大限制了电动重卡的适用场景。

氢燃料因其本身的特殊性质，更符合重卡的使用需求。一方面相较锂电池，燃料电池能量密度更高，在相同续驶里程下，燃料电池重卡凭借自重低的优势可扩大有效荷载；另一方面，燃料电池车能在 10~15 min 内完成氢气加注。氢气也没有工作温度限制，这在冬季的北方方有比锂电池有更明显的优势。

此外，重卡单次的高运输量和经济效益也能直接降低氢燃料电池车型的使用成本。我国已经用市场证明，商用车是更适合氢燃料电池技术应用的场景。因此，我国也已经将燃料电池应用重心放在商用车上，氢能重卡已被列为重点发展对象。而国际上，韩国现代和日本车企也同样在着手布局燃料电池商用车市场。

实际上，近年来国内不少重卡生产企业都在大力研发氢燃料电池卡车。据中国重汽技术中心研发人员介绍，由于港口相对封闭，配建加氢站比较容易，氢燃料动力首选这类车型比较容易成功，不少港口已经开始关注并考虑引进氢燃料码头牵引车。

三、燃料电池是智能驾驶汽车最佳能源选择

1. 智能驾驶

智能驾驶本质上涉及注意力吸引和注意力分散的认知工程学，主要包括网络导航、自主驾驶和人工干预三个环节。智能驾驶的前提条件是，我们选用的车辆满足行车的动力学要求，车上的传感器能获得相关视、听觉信号和信息，并通过认知计算控制相应的随动系统。

智能驾驶的网络导航，解决我们在哪里、到哪里、走哪条道路中的哪条车道等问题；自主驾驶是在智能系统控制下，完成车道保持、超车并道、灯语笛语交互等驾驶行为；人工干预，是驾驶员在智能系统的一系列提示下，对实际的道路情况做出相应的反应。

智能驾驶是工业革命和信息化结合的重要抓手，其快速发展将改变人、资源要素和产品的流动方式，颠覆性地改变人类生活。

2. 燃料电池汽车能有效保障智能车辆供电

智能驾驶汽车特有的摄像头、雷达等中小型设备组件要帮助车辆实现自动驾驶，车载供电能力需提升 2.8%~4%。其能耗大户主要是计算机和传感器，而车载设备增重的 17~22 kg 也成了车辆耗电增加的第二大原因。

全车计算机需要对所有数据进行整合、分类，并将它们转换成电脑看得懂的图片。这个过程也会耗费巨大的计算性能，也就意味着需要充足的电力供给，现在的测试车一般能耗高达 2.5 kW。

如将这样一套系统加装在传统内燃机车上，车辆油耗会大幅度上扬。如果换成电动车，则意味着续航里程的下降，因为计算机会与电动机抢着用电。而氢燃料电池汽车由于氢气能量密度高、燃料电池电堆转换效率高，故其电源性能优于其他能源类型汽车。燃料电池车作为车载发电，只要适当增加燃料就可以较长时间供电，其补充燃料时间明显优于其他电池的电动汽车。此外，燃料电池除了在较大的行驶里程范围内具有较高的工作效率外，其短时过载能力可达额定功率的 200% 或更大，更适合于智能网联汽车运算量突然增加的情况。因此，燃料电池是智能驾驶汽车的最佳能源选择，燃料电池汽车是智能网联汽车的最佳车型选择。

随着第五代移动通信技术（5G）深化应用、车辆智能驾驶技术趋于成熟，这给燃料电池汽车赋予了与汽车高智能化融合发展的宝贵机遇，"燃料电池技术 + 智能驾驶技术"将成为产业应用创新的重点方向。燃料电池技术将促进商用车成本的降低，高智能化带来的舒适驾驶体验将推动商业运输业的快速发展，从而为经济社会活动提供更加便捷和环保的交通出行服务。

四、燃料电池汽车推动终极交通出行方案建立

在移动出行领域的各种商业应用场景中，燃料电池技术将会至少等同于甚至比电动车和燃油车更划算，现已在不同地区的多个应用场景中得到了很好的支撑。虽然相比于电动车和传统燃油车，燃料电池汽车还处在一个相对较初始的发展阶段，但世界各地交通运营商已经感受到了燃料电池车在整个生命周期中比电动车和燃油车更清洁、更环保。随着氢气的生产在可再生能源发展中发挥更广泛的作用，氢燃料电池车的环境影响一定还会有更多的改进。

如今，全球技术和经济竞争正在驱使着高效能源解决方案的不断创造和部署。氢能源在全球范围内并不是将绿色能源转化为交通出行动力的唯一解决方案，但确是毫无争议的整体解决方案中的一部分。各个国家都为许多不同类型的绿色能源解决方案提供了政策激励，毫无疑问，燃料电池汽车将推动终极交通出行方案的建立。

拓展学习

一、聚焦未来交通出行解决方案

1. 2021 年德国慕尼黑车站展示未来交通出行解决方案

2021 年 9 月 7 日至 12 日，以"出行未来，拭目以待"为主题的德国国际汽车及智慧出行博览会（简称"慕尼黑国际车展"）在慕尼黑举行，多家国际车企携最新车型亮相，展示未来交通出行解决方案，环保和互联智能成为展会上普遍关注的汽车发展趋势。

宝马集团展示的 BMW iVision Circular 概念车采用 100% 可回收材料。汽车零部件生产商采埃孚展示的最新款模块化电驱动组件，在能量密度、重量和效率等方面大幅优化，可减少 70% 的机械损耗，能灵活应用于不同纯电动车型的生产。

韩国现代汽车集团在展会上宣布，将在 2023 年推出氢燃料电池车 NEXO 的新款车型，2025 年后推出大型氢燃料电池 SUV，并计划于 2045 年在产品和全球业务领域实现碳中和。

二、一些可能的未来出行方式设想

交通领域正经历着一场最大规模的变革，越来越多的科技公司和投资公司在关注或研发让未来出行变得更高效的新方式。这些最新科技有的已经成为现实，比如汽车的未来智能移动出行，像超级高铁已经在实验阶段取得了成功，还有一些产品虽然振奋人心，但尚处于概念设计的阶段。

1. 接近声速的超级高铁

美国超级高铁公司测试了被称作"真空管道高速列车系统"的美国超级高铁推进系统，在预先铺设的露天轨道上以重力 2.5 倍的加速度起动，在 1 s 之内就从静止态加速到 85 km 的时速水平，如图 1 - 2 - 1 所示。这款列车使用磁悬浮技术，并在接近真空的

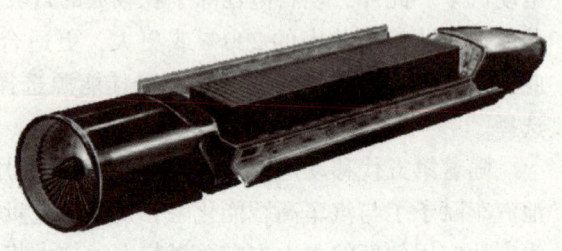

图 1 - 2 - 1　超级高铁

管状轨道中行驶，速度可以达到 1 200 km/h 甚至更高，这一速度已经接近 1 236 km/h 的声速。俄罗斯幅员辽阔，政府对于超级高铁项目也有浓厚兴趣。

2. 空中的士

空中的士能够在距离地面高约 6 m 的轨道上行驶，行驶速度最高可达 250 km/h。它是一个在城市上空建造空中汽车轨道，然后利用磁悬浮技术而打造的小型化、个人化的交通运输系统，如图 1 - 2 - 2 所示。

3. 天上飞的火车

天上飞的火车是一种将火车和飞机结合起来的未来飞行器，它允许把 3 个经过特殊设计的火车车厢安装到飞机上飞行，实现了轨道交通和航空的无缝连接，如图 1 - 2 - 3 所示。未来，乘坐飞机将不再需要先乘坐地面交通工具到达机场后排队登机，而是直接在车站进入客舱。

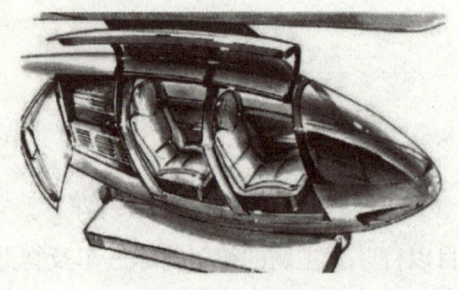

图 1 - 2 - 2　空中的士

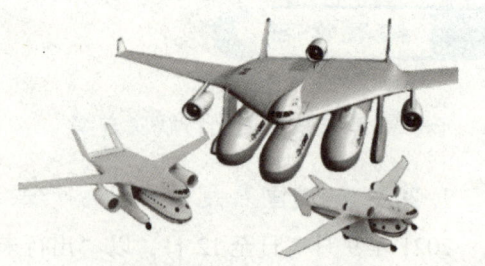

图 1 - 2 - 3　天上飞的火车

任务二　分析发展燃料电池汽车对我国技术创新的促进作用

学习目标

1. 理解我国实施的创新驱动发展战略；
2. 理解燃料电池汽车对我国技术创新的促进作用。

引导问题

2016 年发布的《国家创新驱动发展战略纲要》明确指出，创新驱动是国家命运所系，国家力量的核心支撑是科技创新能力，创新强则国运昌，创新弱则国运殆。我国举国科技创新战略规划体系的形成为中国梦阶段性目标的实现奠定了坚实基础。那么，作为汽车技术中最新的氢燃料电池技术，对我国技术创新有怎样的驱动作用呢？

任务工单

任务名称	分析发展燃料电池汽车对我国技术创新的促进作用	班级		日期	
小组成员		组号		组长	
实训教室		设备		课时	
任务描述	了解我国创新驱动发展战略，结合氢燃料电池技术的原理和产业发展历史，在了解氢燃料电池技术难点和当前短板的基础上，分析发展燃料电池汽车对我国技术创新的促进作用，并以此为案例来理解新发展理念				
学习目标	**一、总目标** 　　结合燃料电池汽车的技术特点，分析发展燃料电池汽车对我国技术创新的驱动作用，并以此进一步理解创新驱动发展战略对践行新发展理念的重要意义。 **二、专业能力目标** 　　1. 能够分析燃料电池汽车的技术难点； 　　2. 能够分析燃料电池汽车对我国创新驱动发展的促进作用。 **三、方法能力目标** 　　1. 能够借助网络检索有关国家创新驱动发展战略的内容； 　　2. 能够通过燃料电池汽车的技术特点来说明燃料电池汽车对我国技术创新的促进作用。				

职业能力一　分析发展氢燃料电池汽车的优势

学习目标	**四、社会能力目标** 　1. 能够开展协作研讨与分析； 　2. 能够表达说明燃料电池汽车在创新驱动发展战略中的优势； 　3. 发展燃料电池汽车对践行创新、协调、绿色、开放、共享的新发展理念的重要意义。
资讯收集	1. 我国《国家创新驱动发展战略纲要》有哪些内容？ 2. 燃料电池汽车有哪些技术难点？ 3. 发展燃料电池汽车对我国技术创新有怎样的驱动作用？ 4. 新发展理念有哪些科学内涵？
决策与计划	**请根据任务要求，制定任务实施计划，确定所需要的检测仪器、工具，并对小组成员进行合理分工。** 　1. 需要的检测仪器、工具或设备 　　　　　　　　　　　　　　　　　　　　　　　　　　　　　　　　。 　2. 小组成员分工 　　　　　　　　　　　　　　　　　　　　　　　　　　　　　　　　。 　3. 实施计划 　　　　　　　　　　　　　　　　　　　　　　　　　　　　　　　　。

实施	根据任务要求填写实施方案或操作步骤。			

检查与评估	评价指标		组内自评	组间互评	教师评价
	方法能力和社会能力（__%）	劳动态度（__分）			
		工作纪律（__分）			
		安全操作（__分）			
		环境保护（__分）			
		团队协作（__分）			
	专业能力（__%）	任务方案（__分）			
		实施步骤（__分）			
		完成结果（__分）			
		任务工单完成（__分）			
	合计得分				
	本次最终得分（组内自评__% + 组间互评__% + 教师评价__%）				

📖 **知识材料**

一、创新是实现中华民族伟大复兴迫切需求

纵观人类发展历史，科技创新始终是一个国家、一个民族发展的重要力量，也始终是推动人类社会进步的重要力量。

改革开放以来，特别是党的十八大以来，在全国科技界和社会各界的共同努力下，我国科技事业密集发力、加速跨越，实现了历史性、整体性的重大变化，重大创新成果竞相涌现，一些前沿方向开始进入并行、领跑阶段，科技实力实现了从量的积累向质的飞跃、从点的突破向系统能力提升的方向发展，我国也正在从世界上具有重要影响力的科技大国迈向世界科技强国。

2012年，党的十八大强调："科技创新是提高社会生产力和综合国力的战略支撑，必须摆在国家发展全局的核心位置。"2015年10月29日，习近平在党的十八届五中全会第二次全体会议上的讲话，鲜明地提出了创新、协调、绿色、开放、共享的新发展理念。新发展理念符合我国国情，顺应时代要求，对破解发展难题、增强发展动力、厚植发展优势具有重大的指导意义。2016年发布的《国家创新驱动发展战略纲要》进一步明确指出，创新驱动是国家命运所系，国家力量的核心支撑是科技创新能力，创新强则国运昌，创新弱则国运殆。实现中华民族伟大复兴的中国梦，必须真正用好科学技术这个最高意义上的革命力量和有力杠杆。

二、燃料电池汽车对我国技术创新的驱动作用

一般而言，一项技术或某类产品是否可作为创新的对象或目标，至少应具备以下特征：一是与当前市场上流行的技术或产品相比是新的，且有很大或根本性的不同，优点和先进性十分明显；二是虽然创新的难度高、风险较大，但创新的潜力与效益巨大，机遇大，拥有比较广阔的发展前景；三是它并非单独的或孤立的技术或产品，而是与其他相关技术或产品关联度高，有很长的产业链，辐射带动效应强，不仅有复杂的一面，更有附加值高、附带效应好的另一面。基于此，从现阶段我国已明确支持发展的三类新能源汽车车种来看，符合或基本符合要求的，只有氢燃料电池汽车。氢燃料电池汽车对我国技术创新具有巨大的促进作用。

（1）氢燃料电池汽车（技术）在基本原理上是一种完全新型、革命性的产品（技术），创新潜力巨大。

氢燃料电池汽车（技术）是一种不经过燃烧过程而直接以电化学反应的方式将燃料（氢气）和氧化剂中的化学能直接转化为电能的高效发电装置。氢燃料电池汽车（技术）与传统汽车和纯电动汽车（技术）相比，是一种完全新型、革命性的产品（技术），创新的潜力巨大，是汽车界追求的终极目标。

（2）氢燃料电池汽车（技术）对上下游产业技术创新带动作用强，附加值增加大。

氢燃料电池产业链十分深长，可带动众多产业和经济的协同发展。据测算，传统汽车产业对国民经济上下游产业链的带动系数约为1∶3，而氢燃料电池汽车则可达到甚至超过1∶5。

氢燃料电池汽车技术（产业）与相应技术（产业）之间相互依存和促进的关联如图1-2-4所示。

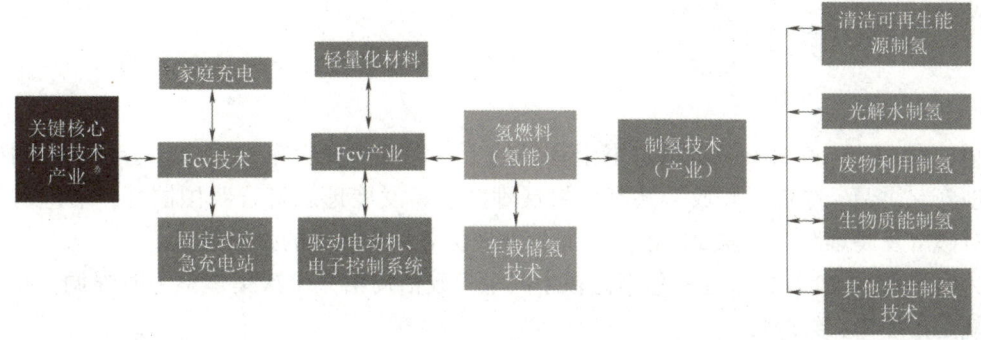

图1-2-4　与燃料电池汽车（技术）相关的产业（技术）示意图

由此可以看出，燃料电池汽车技术（产业）涉及清洁可再生能源、信息（包括互联网）、各种先进材料（复合材料、石墨烯等）、纳米技术等诸多高新技术领域。在氢燃料电池汽车（技术）领域开展技术创新研究，可大幅度带动上下游产业技术创新，极大地增加了上下游产业的产品和技术的附加值。

（3）发展氢燃料电池汽车将有力推动我国能源结构与体系的重大变革。

由于氢不仅可用作燃料电池汽车的"燃料"，而且也可以通过诸如太阳能、风能等清洁可再生能源转化而成，是这些清洁可再生能源可行的存储介质。如果利用太阳能等制氢，就相当于把无穷无尽的、分散的、间歇的能源转变为高度集约、可分配、可移动使用的清洁能源，其重大意义不言而喻。图1-2-5显示了清洁的可再生能源、电、水、氢之间的转换关系。

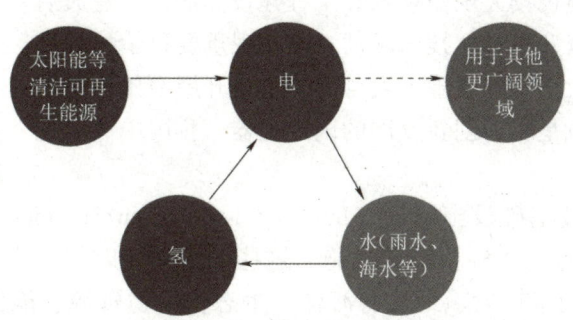

图1-2-5　清洁能源、电、水、氢之间的转换关系示意图

普及应用燃料电池汽车需要大量氢能，市场强有力的需求可有效推动分布式（如风能、太阳能等）清洁可再生能源体系发展，改变原来以煤炭、石油等为主的化石能源高度集中的结构与生产方式，引发社会重大能源变革。从这个角度分析，燃料电池汽车在市场上处于"暴风眼"的中心位置，有"引爆器"的作用。发展氢燃料电池汽车，不仅加速了中国汽车产业的创新与变革，也将从整体上带动我国能源革命，服务国家创新驱动发展战略。

拓展学习

一、新发展理念

1. 新发展理念的提出

2015 年 10 月 29 日，习近平总书记在党的十八届五中全会第二次全体会议上，明确提出了创新、协调、绿色、开放、共享的发展理念。新发展理念符合我国国情，顺应时代要求，对破解发展难题、增强发展动力、厚植发展优势具有重大的指导意义。

2016 年 1 月 29 日，习近平总书记在中共中央政治局第三十次集体学习时强调：新发展理念就是指挥棒、红绿灯。

2018 年 3 月 11 日，第十三届全国人民代表大会第一次会议通过的《中华人民共和国宪法修正案》中，在"自力更生，艰苦奋斗"前增写了"贯彻新发展理念"。

2021 年 1 月 28 日，习近平主持中央政治局集体学习时强调：完整、准确、全面地贯彻新发展理念，确保"十四五"时期我国发展开好局、起好步。

2. 新发展理念的科学内涵

创新、协调、绿色、开放、共享的发展理念，是管全局、管根本、管长远的导向，具有战略性、纲领性和引领性。创新发展注重的是解决发展动力问题，协调发展注重的是解决发展不平衡问题，绿色发展注重的是解决人与自然和谐问题，开放发展注重的是解决发展内外联动问题，共享发展注重的则是解决社会公平正义问题。

二、大科学装置

大科学装置是指通过较大规模投入和工程建设完成的，建成后需长期稳定运行和持续开展科学技术活动，以实现重要科学技术和公益服务目标的国家大型基础设施。大科学装置是开展原始创新的策源地及重要工具，也是驱动创新发展的国之重器。我国中央电视台对此也有专门报道。

在中科院重大科技基础设施网站（https：//lssf. cas. cn/facilities. html）上，展示了我国众多稳步推进建设的重大科技基础设施，这些设施涉及时间标准发布、遥感、粒子物理与核物理、天文、同步辐射、地质、海洋、生态、生物资源、能源和国家安全等众多领域，是承担我国重大科技基础设施建设和运行的主要力量，有力支撑着我国的基础创新，列举如下。

1. 上海光源

上海光源（Shanghai Synchrotron Radiation Facility，简称 SSRF）是第三代中能同步辐射光源，坐落在浦东张江高科技园区，包括一台 150 MeV 电子直线加速器、一台全能量增强器、一台 3. 5 GeV 电子储存环及首批建造的 7 条光束线和实验站，如图 1 - 2 - 6 所示。上海光源工程于 2009 年 5 月 6 日开始对国内用户正式开放运行。

图1-2-6　上海光源（SSRF）

2. 全超导托卡马克核聚变实验装置

2007年3月1日，历经十年建设，全超导托卡马克核聚变实验装置（Experimental Advanced Superconducting Tokamak，EAST）项目通过了国家发改委组织的验收，成为世界上第一个非圆截面全超导托卡马克并正式投入运行，如图1-2-7所示。EAST的建设和投入运行使我国成为世界上第一个掌握新一代先进全超导托卡马克技术的国家。

图1-2-7　全超导托卡马克核聚变实验装置（EAST）

3. 500 m口径球面射电望远镜

500 m口径球面射电望远镜（Five-hundred-meter Aperture Spherical radio Telescope，FAST）项目是利用贵州天然喀斯特洼地作为望远镜台址，建造世界第一大单口径射电望远镜——500 m口径球冠状主动反射面射电望远镜，以实现大天区面积、高精度的天文观测，如图1-2-8所示。它拥有30个足球场大的接收面积，是国际上最大的单口径望远镜。

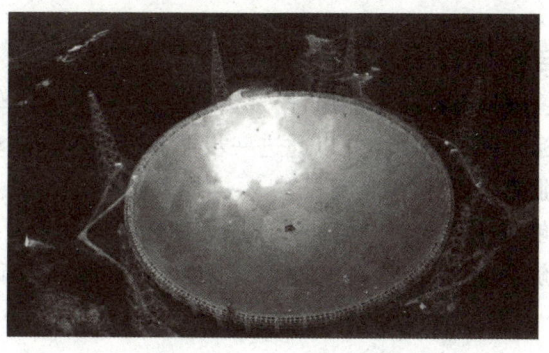

图1-2-8　500 m口径球面射电望远镜（FAST）

职业能力一　分析发展氢燃料电池汽车的优势

任务三　分析发展燃料电池汽车对我国实现"双碳"战略目标的促进作用

学习目标

1. 了解我国实施的"双碳"战略目标;
2. 理解燃料电池汽车对我国实现"双碳"战略目标的促进作用。

引导问题

我国在 2020 年提出了"二氧化碳排放力争于 2030 年前达到峰值,努力争取 2060 年前实现碳中和"的目标(简称"双碳"战略目标)。氢能源作为一种能够快速可再生和零排放的替代能源,常被称作 21 世纪的"终极能源",可广泛应用于工业、交通运输、建筑、电力等行业,氢能的开发与利用已经成为世界新一轮能源变革的主要方向之一,是未来世界各国能源技术变革的战略制高点。氢燃料电池汽车就是以氢为能源,通过电化学反应产生的电能来驱动汽车行驶的,其最大的特点就是只排出水,而没有其他任何物质,环保性极好。作为没有污染的氢燃料电池汽车,其又可对我国实现"双碳"战略目标起到怎样的促进作用呢?

任务工单

任务名称	分析发展燃料电池汽车对我国实现"双碳"战略目标的促进作用	班级		日期	
小组成员		组号		组长	
实训教室		设备		课时	
任务描述	了解我国实施的"双碳"战略目标,结合氢燃料电池技术的原理,在了解我国氢能产业发展概况的基础上,分析发展燃料电池汽车对我国实现"双碳"战略目标的促进作用。				
学习目标	一、总目标 结合氢燃料电池技术的原理,分析发展燃料电池汽车对我国实现"双碳"战略目标的促进作用,并以此进一步理解"双碳"战略目标的重大意义。 二、专业能力目标 　1. 能够分析氢燃料电池的工作原理和技术特点; 　2. 能够分析发展燃料电池汽车对我国实现"双碳"战略目标的促进作用。				

学习目标	**三、方法能力目标** 　1. 能够借助网络检索国家有关"双碳"战略目标的内容； 　2. 能够通过燃料电池汽车的原理来说明燃料电池汽车对我国实现"双碳"战略目标的促进作用。 **四、社会能力目标** 　1. 能够开展协作研讨与分析； 　2. 能够演绎分析发展燃料电池汽车对我国实现"双碳"战略目标的意义。
资讯收集	1. 我国"双碳"战略目标是什么？ 2. 燃料电池汽车有哪些技术特点？ 3. 发展燃料电池汽车对我国实现"双碳"战略目标有怎样的促进作用？
决策与计划	请根据任务要求，制定任务实施计划，确定所需要的检测仪器、工具，并对小组成员进行合理分工。 　1. 需要的检测仪器、工具或设备 _____ _____。 　2. 小组成员分工 _____ _____。 　3. 实施计划 _____ _____ _____。

	根据任务要求填写实施方案或操作步骤。			
实施				

检查与评估	评价指标		组内自评	组间互评	教师评价
	方法能力和社会能力（__%）	劳动态度（__分）			
		工作纪律（__分）			
		安全操作（__分）			
		环境保护（__分）			
		团队协作（__分）			
	专业能力（__%）	任务方案（__分）			
		实施步骤（__分）			
		完成结果（__分）			
		任务工单完成（__分）			
	合计得分				
	本次最终得分（组内自评__% + 组间互评__% + 教师评价__%）				

一、我国"双碳"战略目标

2020 年 9 月 22 日，中国政府在第七十五届联合国大会上提出："中国将提高国家自主贡献力度，采取更加有力的政策和措施，二氧化碳排放力争于 2030 年前达到峰值，努力争取 2060 年前实现碳中和"。"碳达峰""碳中和"是中国提出的两个阶段碳减排奋斗目标（简称"双碳"战略目标），"双碳"战略目标是推动实现可持续发展的内在要求和构建人类命运共同体的责任担当。以我国绿色发展样板展现人类美好未来，这是党中央作出的重大战略决策，也是中国对世界的庄严承诺，体现了负责任大国的担当，新华网对此专门做了讲解。

1. 提出背景

改革开放以来，中国经济加速发展，目前已成为全球第二大经济体、绿色经济技术的领导者，全球影响力不断扩大。事实证明，只有让发展方式绿色转型，才能适应自然规律。同时，我国社会主要矛盾已经转化为人民日益增长的美好生活需要和不平衡、不充分的发展之间的矛盾，而对优美生态环境的需要则是对美好生活需要的重要组成部分。为此，2020 年，中国基于推动实现可持续发展的内在要求和构建人类命运共同体的责任担当，宣布了"碳达峰""碳中和"目标愿景。习近平总书记强调，要把"碳达峰""碳中和"纳入生态文明建设整体布局；要推动绿色低碳技术实现重大突破，抓紧部署低碳前沿技术研究，加快推广应用减污降碳技术，建立并完善绿色低碳技术评估、交易体系和科技创新服务平台。未来，中国将着眼于建设更高质量、更开放包容和具有凝聚力的经济、政治和社会体系，形成更为绿色、高效和可持续的消费与生产力为主要特征的可持续发展模式，共同谱写生态文明新篇章。

2. 面临机遇

（1）为提升国际竞争力带来机遇。快速绿色低碳转型为中国提供了与发达国家同起点、同起步的重大机遇，中国可主动在能源结构、产业结构、社会观念等方面进行全方位、深层次的系统性变革，提升国家能源安全水平。

（2）为低碳、零碳、负碳产业发展带来机遇。"双碳"背景下，新能源和低碳技术的价值链将成为重中之重，中国也可借此机遇，进一步扩大绿色经济领域的就业机会，催生各种高效用电技术、新能源汽车、零碳建筑、零碳钢铁、零碳水泥等新型脱碳化技术产品，推动低碳原材料替代、生产工艺升级、能源利用效率提升，构建低碳、零碳和负碳新型产业体系。

（3）为绿色清洁能源发展带来机遇。若在 2060 年实现碳中和，核能、风能、太阳能的装机容量将分别超过目前的 5 倍、12 倍和 70 倍。为实现"双碳"目标，中国将进行能源革命，加快发展可再生能源，降低化石能源的比重，巨大的清洁、绿色能源产业发展空间将会进一步打开。

（4）为新的商业模式创新带来机遇。环保产业将从纯粹依赖以投资建设为主要模式的

末端污染治理方式，转向以运维服务、高质量绩效达标为考核指标的方式。企业也将加快制定绿色转型发展新战略，借助数字技术与数字业务推动商业模式转型和数字化商业生态重构，以体制与技术创新形成低碳、低成本发展模式及绿色低碳投融资合作模式。

二、发展燃料电池汽车对我国实现"双碳"战略目标的促进作用

作为以煤炭为主要燃料的世界第一碳排放大国，我国要在 10 年内实现碳排放达峰、40 年内实现碳中和的目标是十分艰巨的，为此，需要加大力度降低碳排放。概括起来，实现碳减排的办法主要有三种：第一，增加可再生能源的使用；第二，减少化石能源的使用；第三，种树以增加碳汇（本书暂不讨论）。

1. 增加可再生能源的使用

我国可再生能源发电多集中在西北地区，用电中心却又位于中东部地区，中间需要通过架设高压输电网解决。由于风、光电存在波动性大、间歇性强的先天缺陷，这又给高压输电网稳定运行带来了极大风险，导致风电、光电上网难和输送难。作为新能源的载体，电力和氢气具有来源多样化、驱动高效率、运行零排放和互相可转化的特征，若借助氢能和电力是互相可以转化的关系，将电能先转变成氢能，通过车辆、管道等方式输送到用户手中，既可长期储存，也能在电网需要时还原成电回馈给电网。也就是说，可再生能源变成氢可以实现大规模用能和长周期储能，这可直接显著降低碳排放，促进实现"双碳"战略目标。

2. 减少化石能源的使用

推广应用燃料电池汽车，可有效减少化石能源的使用，特别是在碳排放量高的商用车领域推动氢能燃料电池应用对实现"碳达峰""碳中和"有着重要意义。

近年来，我国开始实施燃料电池汽车城市群示范，目前累计运行车辆已经超过 7 000 辆，累计运行里程超过 1 亿 km。在商用车领域推动氢能燃料电池应用，将原来碳排放较高的车型改为低排放（甚至是零排放）的燃料电池汽车，对于实现"碳达峰""碳中和"是有十分重要的意义的。另外，燃料电池也适应于长途交通和重载交通，改用燃料电池作为动力，不影响重型商用车的长途重载功能。

拓展学习

一、碳中和将如何改变我们的生活

1. 未来居住建筑电气化

未来，各地的居住、办公建筑建造和运行都要实现电气化，如各类建筑的表面将尽可能安装光伏设备，实现光能发电，并在建筑中采用分布式蓄电，同时利用周边停车场通过智能充电桩与新能源汽车连接。

建筑内部将建成直流配电，并实现建筑的柔性用电。对于我国北方冬季集中采暖所造成的大量碳排放，也要通过技术探索来逐步进行电气化取代，实现冬季供热的零碳热源。未来供暖、制冷、照明、烹饪、家电都要转向电气化，其将催生更多节能减排的智能家居，甚至可以电力自发自用。

2. 交通出行更加低碳环保

交通方面，新能源汽车等更加绿色的出行方式将成为人们的普遍选择，脱碳的交通能源体系正在前方等着我们。

实现碳中和，意味着巨大的汽车产业链将发生翻天覆地的改变，也就意味着道路上将很难看到燃油车，取而代之的是无人驾驶氢能车。

3. 节能减排、绿色出行

随着碳中和目标的明确，人人减排、绿色低碳的行为习惯无疑将进一步深度融入所有中国人的生活中。

碳交易、气候投融资、能源转型基金、碳移除和碳利用技术等引导碳减排的政策工具和新技术特点，也将形成新的投资热点和产业发展机遇，影响着广大公众的生活。

二、《氢能产业发展中长期规划（2021—2035 年)》

2022 年 3 月，国家发改委发布了《氢能产业发展中长期规划（2021—2035 年)》。该规划提出，到 2025 年，我国要基本掌握燃料电池汽车核心技术和制造工艺，燃料电池车辆保有量约 5 万辆，部署建设一批加氢站，可再生能源制氢量达到 10 万 ~ 20 万 t/年，实现二氧化碳减排 100 万 ~ 200 万 t/年。到 2030 年，形成较为完备的氢能产业技术创新体系、清洁能源制氢及供应体系，有力支撑"碳达峰"目标实现。到 2035 年，形成氢能多元应用生态，可再生能源制氢在终端能源消费中的比例明显提升。

该规划还同时部署了推动氢能产业高质量发展的重要举措：

（1）系统构建氢能产业创新体系。聚焦重点领域和关键环节，着力打造产业创新支撑平台，持续提升核心技术能力，推动专业人才队伍建设。

（2）统筹建设氢能基础设施。因地制宜布局制氢设施，稳步构建储运体系和加氢网络。

（3）有序推进氢能多元化应用，包括交通、工业等领域，探索形成商业化发展路径。

（4）建立健全氢能政策和制度保障体系，完善氢能产业标准，加强全链条安全监管。

职业能力二

调研燃料电池汽车的发展现状

项目一　国外燃料电池汽车发展现状调研

任务一　日本燃料电池汽车发展现状调研

☑ 学习目标

1. 了解日本氢能政策与发展战略；
2. 了解日本燃料电池汽车产业发展现状；
3. 认识日本燃料电池汽车主流车型。

引导问题

目前，全球都在大力发展氢能产业，世界各国陆续发布氢能战略发展规划，制定了适合本国的氢能发展模式。日本政府也高度重视氢能与燃料电池技术的研发，不断推动氢能与燃料电池技术在交通运输及其他若干领域的发展，出台了加氢站建设运营补贴、燃料电池汽车购置补贴等支持政策，以加快推动建设"氢能社会"，并实现了多种形式的应用。因此，认识日本氢能产业现状及发展战略对我国发展燃料电池汽车产业具有重要的参考意义。那么日本政府对发展氢能的支持政策有哪些？其"氢能社会"发展现状又如何了？在日本，典型的燃料电池汽车车型又有哪些呢？

📍 任务工单

任务名称	日本燃料电池汽车发展现状调研	班级		日期	
小组成员		组号		组长	
实训教室		设备		课时	

任务描述	调研日本氢能战略以及燃料电池汽车产业发展现状，并能够识别日本燃料电池汽车典型车型。
学习目标	**一、总目标** 1. 认识日本氢能产业相关支持政策以及燃料电池汽车产业的发展现状； 2. 识别日本主流的燃料电池汽车车型，并对相关车型的具体性能参数进行对比。 **二、专业能力目标** 1. 能够描述日本氢能产业发展战略； 2. 能够描述日本燃料电池汽车产业发展现状； 3. 能够识别典型车型并指出其技术特点。 **三、方法能力目标** 1. 能够利用互联网资源查询日本氢能产业最新发展动态； 2. 能够利用网络检索日本典型燃料电池车型的最近技术现状； 3. 能够通过小组讨论形式分析日本燃料电池汽车产业发展特点。 **四、社会能力目标** 1. 能够组织小型研讨； 2. 养成团队协作精神； 3. 掌握调研文献、查阅资料的能力
资讯收集	1. 日本政府通过哪些手段推动氢能以及氢燃料电池汽车产业发展？ 2. 丰田 Mirai 和本田 FCX Clarity 的技术路线有何不同？ 3. 日本氢能产业的示范推广项目有哪些？

决策与计划	请根据任务要求，制定任务实施计划，确定所需要的检测仪器、工具，并对小组成员进行合理分工。 1. 需要的检测仪器、工具或设备 _____。 2. 小组成员分工 _____。 3. 实施计划 _____。
实施	根据任务要求填写实施方案或操作步骤。

检查与评估	评价指标		组内自评	组间互评	教师评价
	方法能力和社会能力（__%）	劳动态度（__分）			
		工作纪律（__分）			
		安全操作（__分）			
		环境保护（__分）			
		团队协作（__分）			
	专业能力（__%）	任务方案（__分）			
		实施步骤（__分）			
		完成结果（__分）			
		任务工单完成（__分）			
	合计得分				
	本次最终得分（组内自评__% + 组间互评__% + 教师评价__%）				

一、日本燃料电池汽车发展现状

1. 日本氢能发展政策与战略

日本是全球发展燃料电池最积极的国家。由于国土资源的限制以及地理环境因素的制约，日本非常重视可再生能源的应用，希望能实现能源独立。因此，日本很早就开始系统地制定氢能发展规划。

1）发展战略

2013年，日本政府推出《日本再复兴战略》，把发展能源提升为国策，并启动加氢站建设的前期工作。2014年4月，日本内阁会议通过《氢能基本规划》，把氢能提升到二次能源的核心位置。2014年，日本通过《第四个能源基本计划》，将氢能源定位为与电力和热能并列的核心二次能源，并提出建设"氢能社会"愿景。2014年，日本又发布《氢能及燃料电池战略路线图》，明确2025年、2030年和2040年三阶段发展目标。2017年，日本发布《氢能源基本战略》，从交通、氢能供应、氢能应用三方面提出了具体发展目标，规划了2020—2050年发展路线。2019年3月12日，日本经济产业省发布了新版《氢能与燃料电池路线图》，修订了2017年版提出的2030年的技术性能和成本目标。

2）政策补贴

日本对氢能和燃料电池的扶持政策主要包括研发、示范和车辆补贴等方面。在研发补贴方面，2017年日本经产省对燃料电池研发补贴共计129亿日元，包括燃料电池、加氢站、氢能供应链3个方向。从2017年开始，固定式燃料电池由家庭应用扩大到商业和工业应用，2020年达到1 400万套规模，2030年计划达到5 300万套规模。在车辆补贴方面，实施新能源汽车绿色税制政策，根据汽车种类和指标，可以为每辆燃料电池车提供至少200万日元的补贴。此外，在加氢站建设方面又给予大约50%的补贴。日本氢能及燃料电池汽车产业主要政策见表2-1-1。

表2-1-1 日本氢能及燃料电池汽车产业主要政策

时间	政策措施或文件名称	政策内容
2004年	国家新产业创新战略	将燃料电池列为国家重点推进的七大新兴战略产业之首，从国家层面上着力推进
2007年	下一代汽车与燃料行动计划	确定了各阶段燃料电池汽车成本、性能和寿命等指标
2008年	氢能与燃料电池示范运行计划	投入2.32亿美元进行燃料电池技术研究与市场化推广；投入1 400万美元构建氢能国家技术标准；积极推行家庭用燃料电池热电共生系统补助计划
2009年	燃料电池汽车和加氢站2015年商业化路线图	明确指出2011—2015年开展燃料电池汽车技术验证和市场示范，随后进入商业化示范推广前期

续表

时间	政策措施或文件名称	政策内容
2014 年	氢燃料电池普及促进策略	将氢燃料、氢燃料电池车相关国际技术标准引入国内，并将其作为国内行业标准
2017 年	氢能基本战略	明确了中期（2030 年）、长期（2050 年）氢能发展目标
2018 年	氢燃料电池汽车推广目标	NEDO 制定了氢燃料电池推广目标，将在 2040 年普及燃料电池汽车
2021 年	全球变暖对策推进法	日本政府以立法的形式明确了 2050 年碳中和目标，推进氢能产业发展

2. 日本燃料电池汽车产业发展现状

日本燃料电池商业化应用处于全世界领先地位，加氢站基础设施全世界相对来说最完善。目前，日本已经在乘用车、客车、物流车和叉车等领域应用燃料电池，建立了较为完整的产业链体系，除了少数原材料需要进口外，全部关键零部件都已实现自主化。

早在 20 世纪 90 年代，丰田、本田、日产等日本汽车企业就不约而同地开展了对燃料电池汽车的研发，并将其确定为企业下一代汽车开发的重要战略方向。但由于燃料电池乘用车开发难度大，丰田原计划 2012 年实现量产，但直到 2014 年才实现量产。目前，丰田、本田开发的燃料电池乘用车已率先进入量产化阶段。丰田汽车公司经过 20 多年的技术积累，于 2014 年推出了世界上首款量产燃料电池汽车 Mirai，如图 2 – 1 – 1 所示。2014 年 12 月到 2019 年 8 月，丰田在全球销售燃料电池汽车超过 1 万辆，其中私人消费者购买比例约 50%。本田也一直致力于燃料电池汽车技术的研发。早在 1999 年，本田就在东京车展展示过 FCX 燃料电池汽车，2008 年推出第

图 2 – 1 – 1　丰田 Mirai 一代燃料电池汽车

二代 FCX Clarity，因为产业尚不成熟，该车型于 2014 年停产，但在 2016 年 12 月又推出量产车型 Clarity。在商用车方面，日本车企也加强了布局。2020 年 1 月，本田宣布与五十铃汽车合作开发燃料电池货车，这是本田首次将自家的燃料电池技术对外共享，并且应用到乘用车以外的领域。

二、日本燃料电池汽车主要车型

1. 丰田燃料电池汽车

2014 年 12 月，丰田推出燃料电池汽车第一代 Mirai，象征着燃料电池技术应用于汽车动力的新纪元，如图 2 – 1 – 1 所示。第一代 Mirai 燃料电池系统最高输出功率 113 kW，电堆最高输出功率 114 kW，2019 年 Mirai 累计销售突破 1 万辆，成为全球首款销量突破 1 万辆的燃

料电池汽车，是丰田标志性燃料电池汽车产品，也是全球标志性燃料电池汽车产品。2020 年 12 月，丰田官方发布了新一代 Mirai（见图 2 - 1 - 2），二代 Mirai 搭载全新的氢燃料电池系统，燃料电池堆峰值功率 128 kW，由 330 节燃料电池发电单体串联组成。Mirai 可通过自带接口，为住宅提供 60 kW·h 的电能。目前，Mirai 已销售至全球 9 个国家和地区。两代 Mirai 的性能参数对比情况见表 2 - 1 - 2。

图 2 - 1 - 2　丰田 Mirai 二代燃料电池汽车

表 2 - 1 - 2　丰田 Mirai 一代和二代主要参数对比

部件	参数	Mirai 一代	Mirai 二代
整车	续航里程/km	650	800
	峰值速度/（km·h^{-1}）	175	≈175
	体积能量密度/（W·h·L^{-1}）	3.5	5.4
燃料电池	输出功率/kW	114 ~ 155	128 ~ 174
	储氢方式	高压储氢罐 × 2	高压储氢罐 × 3
电动机驱动	输出功率/kW	113 ~ 154	134 ~ 182
	传动减速比	8.779	11.691

除了乘用车，丰田公司也积极开展燃料电池商用汽车的研发。2018 年，丰田官方推出了 SORA 燃料电池公交车，并在东京奥运会上大规模使用，如图 2 - 1 - 3 所示。

图 2 - 1 - 3　丰田 SORA 燃料电池公交车

职业能力二　调研燃料电池汽车的发展现状

2. 本田燃料电池汽车

作为全球最早研发燃料电池的汽车生产商之一，本田汽车公司从 20 世纪 80 年代后期就开始着手燃料电池的研发工作，并自 1999 年开始进行燃料电池车辆的实验工作。2016 年，本田公司推出了旗下最新燃料电池汽车 FCX Clarity，如图 2 – 1 – 4 所示，所搭载的电堆体积功率密度约为 3.1 kW/L，达到国际先进水平。该车采用

图 2 – 1 – 4　本田 FCX Clarity 燃料电池汽车

双储氢罐，氢气容量达到 141 L，可储存 5 kg 高压氢气，铝衬里氢气罐可承受 70 MPa 的内部压力，储氢罐充满氢气仅需要 3 min，续航可达 750 km。在驱动系统方面，本田 FCX Clarity 的电动机的功率为 130 kW，最大扭矩则达到 300 N·m，在动力性能和续航里程之间进行了均衡。目前，FCX Clarity 已登陆北美和日本本土市场。

东京奥运会的氢能示范

在 2020 东京奥运会上，日本政府向全球展示了一个完整的氢能基础设施系统，其中涵盖了制造、储存、运输到终端应用。这一完整的工业链可以做到全程不使用化石燃料。

东京奥运会的氢能示范主要体现在以下三个场景。

（1）丰田为东京奥运会提供了约 4 000 辆氢能大巴，作为运动员往返场馆和奥运村的交通工具。这是燃料电池汽车的第一次大规模示范推广。此外，日本在东京奥运村附近专门建设了一座最先进的加氢站（见图 2 – 1 – 5），这一加氢站有 2 台加氢机，既可以给大巴加氢，也可以给乘用车加氢。

（2）第大应用场景是氢能奥运村，这是世界上首个运用氢能进行发电、供热的小区，其中的户数超过 5 600 户。在奥运村中，松下通过把多个 700 W 小型燃料电池系统串联，形成兆瓦级的大型燃料电池系统，向奥运村集中提供氢能产生的电能和热能。

（3）第三大应用场景是为本届奥运会提供能源的日本福岛县的制氢工厂，如图 2 – 1 – 6 所示。该氢能基地 2020 年 3 月建成，是当前世界上规模最大的可再生能源制氢工厂，占地总面积为 22 万 m²。基地通过太阳能发电，然后用电解水的方式制备氢气。

图 2 – 1 – 5　日本超级加氢站图

图 2 – 1 – 6　福岛氢能源研究基地

任务二 韩国燃料电池汽车发展现状调研

✅ 学习目标

1. 了解韩国氢能政策及其发展战略；
2. 了解韩国燃料电池汽车产业发展现状；
3. 认识韩国燃料电池汽车主流车型。

引导问题

韩国政府于2019年1月正式发布了《氢经济路线图》，该计划以氢燃料电池和氢燃料电池汽车为核心，力求改变韩国能源结构，将韩国打造成世界最高水平的氢经济领先国家。那么，为了实现这一目标，韩国近些年在氢能源发展过程中取得了哪些成就？代表性的燃料电池汽车车型又有哪些？这对我国燃料电池汽车产业发展又有哪些借鉴作用？

任务工单

任务名称	韩国燃料电池汽车发展现状调研	班级		日期	
小组成员		组号		组长	
实训教室		设备		课时	
任务描述	了解韩国氢能战略以及燃料电池汽车发展现状，并能识别韩国燃料电池汽车的主流车型，从而能够分析韩国氢能政策建设对我国发展燃料电池产业的启示。				
学习目标	一、总目标 1. 熟悉韩国氢能以及燃料电池汽车产业的发展现状； 2. 认识韩国主流的燃料电池汽车车型，并对相关车型的具体性能参数进行了解。 二、专业能力目标 1. 能够说明韩国燃料电池汽车产业发展历程以及发展现状； 2. 能够识别韩国燃料电池汽车主流车型； 3. 能够指出相关车型的技术特点。 三、方法能力目标 1. 能够利用网络检索韩国氢能产业最新发展动态； 2. 能够利用互联网资源查询韩国最新车型的相关技术参数； 3. 能够通过小组讨论形式分析韩国燃料电池汽车产业发展特点。				

学习目标	**四、社会能力目标** 1. 能够和小组成员一起协作分析； 2. 能够对文献资料进行分析解读。 3. 能够说明韩国氢能发展政策对我国的启示。
资讯收集	1. 韩国通过哪些途径推进燃料电池汽车产业发展？《氢经济发展路线图1.0》的主要内容有哪些？ 2. 韩国燃料电池汽车主流车型有哪些？ 3. 韩国现代汽车集团对燃料电池汽车的发展规划是什么？
决策与计划	请根据任务要求，制定任务实施计划，确定所需要的检测仪器、工具，并对小组成员进行合理分工。 1. 需要的检测仪器、工具或设备 _____ 。 2. 小组成员分工 _____ 。 3. 实施计划 _____ _____ 。

		根据任务要求填写实施方案或操作步骤。			
实施					
检查与评估		评价指标	组内自评	组间互评	教师评价
	方法能力和社会能力（__%）	劳动态度（__分）			
		工作纪律（__分）			
		安全操作（__分）			
		环境保护（__分）			
		团队协作（__分）			
	专业能力（__%）	任务方案（__分）			
		实施步骤（__分）			
		完成结果（__分）			
		任务工单完成（__分）			
		合计得分			
		本次最终得分（组内自评__% + 组间互评__% + 教师评价__%）			

 知识材料

一、韩国燃料电池汽车发展现状

1. 韩国氢能产业发展政策与战略

为实现氢能与燃料电池汽车产业的快速发展，韩国制定了专门的氢能发展战略，先后出台了多项氢能燃料电池汽车支持政策。2008 年，韩国政府颁布了《低碳绿色增长战略》，对燃料电池研发项目投资金额达 16.38 亿元。2010 年推出《百万绿色家庭项目》，推广家用燃料电池系统，计划在 2020 年前安装 10 万套 1 kW 的燃料电池系统。2012 年推广"绿色氢城市示范"项目，在 2012 年到 2018 年间投入 877 亿韩元建设绿色氢城市。

2019 年，韩国政府公布了《氢经济发展路线图 1.0》，该路线图主要明确了扩大氢燃料汽车产量和使用量，以氢燃料电池车和燃料电池系统为两大主要支柱，增加氢燃料汽车充电

设施、存储和运输等相关发展目标计划，打造引领氢经济的产业生态系统，力争成为世界一流的氢经济领先国家。

根据路线图，到2040年，韩国政府计划实现以下目标：氢燃料电池车产量达620万辆；建设加氢站1 200座；燃料电池发电领域应用规模达15 GW；家庭和建筑燃料电池应用规模达2.1 GW；每年氢气供应达526万t；氢气价格降至3 000韩元/kg，建立具有安全稳定性和经济性的氢能流通系统，同时构建氢能产业全周期安全管理体系。路线图还涵盖了氢气为船舶、火车、无人机和建筑设备提供动力的研究领域，更多地关注于研发，目标是在2030年之前实现相关技术的商业化应用。表2-1-3所示为韩国发布的氢能与燃料电池汽车产业的相关政策。在示范推广方面，2021年，韩国政府投入8 244亿韩元（相比2020年增加40%）用来支持氢能移动出行、氢气生产及流通基础设施、核心技术开发和氢能示范城市等。

表2-1-3 韩国发布的氢能与燃料电池汽车产业相关政策

年份	政策措施或文件名称	主要内容
2008年	实施"低碳绿色增长"战略	为氢能燃料电池研发项目投资16亿韩元
2009年	绿色新政项目	项目由国家财政、地方财政和民间资本出资50万亿韩元，创造96万个就业机会；明确加大扶持开发绿色汽车和新再生能源技术
2010年	百万绿色家庭项目	计划在2020年之前安装10万套1 kW的燃料电池系统
2012年	绿色氢城市示范项目	计划在2012年到2018年间投入877亿韩元建设绿色氢城市，主要投资内容为氢气的生产和管理、燃料电池的生产等
2015年	贸易部和环境部声明	到2020年，上路燃料电池汽车增至9 000辆，到2030年增至63万辆
2018年	韩国贸易、工业和能源部声明	韩国政府和国内相关企业决定未来5年投资2.6万亿韩元，建立公私合作伙伴关系，加快氢燃料电池汽车生态系统的发展，增加加氢站的数量
2019年	韩国氢能产业路线图	预计到2040年，累计生产燃料电池车620万辆，建设加氢站1 200座，累计发电15 GW，推广家用燃料电池2.1 GW，氢能市场每年产生43万亿韩元的附加值，并创造42万个新的就业机会
2020年	促进氢经济和氢安全管理法	将促进以氢为主要能源的氢经济实施奠定基础，系统、有效地促进氢工业发展，为氢能供应和氢设施的安全管理提供支持

2. 韩国燃料电池汽车产业发展现状

在燃料电池整车方面，现代汽车集团作为全球第五大车企，也是韩国国内唯一一家生产燃料电池汽车的企业。早在1998年，现代集团专门针对氢燃料电池汽车电堆和系统技术的研发成立了麻北生态技术研究院，启动氢燃料电池项目的开发；2000年以圣达菲车型为基础，现代汽车开发出第一款氢燃料电池汽车；2004年开始自主研发燃料电池电堆，紧接着燃料电池系统国产化成功；2013年发布第一代氢燃料电池汽车ix35 FCEV，其作为全球首款量产氢燃料电池汽车在全世界范围内备受瞩目；2018年第二代氢燃料电池汽车现代NEXO上市；2020年推出正式量产的氢燃料电池重型货车XCIENT Fuel Cell和氢燃料电池客车ELBC CITY Fuel Cell。2000—2013年，现代汽车完成了第三代氢燃料电池系统的研发，并成为全球首个实现批量生产氢燃料电池汽车的汽车厂商。得益于韩国政府的补贴和政策支持，NEXO在两年多的时间内累计销售1.5万辆，2020年氢燃料电池汽车全球销量8 282辆，其中现代汽车NEXO达到6 488辆，全球占有率达到80%。此外，现代汽车正携手多家合作伙伴，共同将氢燃料电池系统拓展应用于叉车、中大型挖掘机、轨道交通、船舶、城市空中出行（UAM）等更多领域。

此外，为了促进燃料电池商用车的推广，韩国企业通过合作的方式共同推进加氢站建设。截至2021年6月，韩国国内运营的加氢站共有64座。为了建设商用车加氢站，2021年2月，以现代汽车、液化空气集团韩国公司、韩国地域暖房公社、现代石油银行、SK能源、CS加德士、S–OI、SK燃气、E1共9家企业为股东的特别合资企业"KOHYGEN"正式成立。从2021年开始，该合资企业开始建设10座氢能商用车加氢站，到2025年将完成35座以上加氢站的建设。

二、韩国燃料电池汽车主要车型

1. 现代NEXO燃料电池汽车

2018年现代汽车在CES展上公布了第四代燃料电池汽车NEXO（见图2–1–7），作为韩国推行燃料电池代表之作，NEXO集盲点影像监控、ADAS系统功能（自动泊车、车道追踪辅助等）和氢燃料电池动力系统等众多科技于一身。现代NEXO动力系统输出功率达118 kW，最大扭矩为394 N·m。电堆系统由440个燃料电池单体组成，电堆功率密度为3.1 kW/L，燃料电池系统效率为60%。NEXO一共搭载了3个储氢罐，总容积为157 L，此外还搭载了1.56 kW·h动力电池组，其续航里程达到595 km。截至2021年8月，NEXO全球累计销量超过1.8万辆，是全球销量最高的氢燃料电池车型。

图2–1–7　现代NEXO燃料电池汽车

2. 现代 XCIENT Fuel Cell 燃料电池重卡

2020 年，现代正式推出旗下全球首款氢燃料电池重卡 XCIENT Fuel Cell，如图 2-1-8 所示。该车型搭载 190 kW 级燃料电池系统和 7 个 350 L 大型储氢罐，一次充满氢气可行驶约 400 km。其 7 个大型储氢罐可储存约 31 kg 氢燃料，同时 3 个高压电池组成的总容量为 72 kW·h 的电池系统提供了额外的动力来源，其 350 kW 的电动机可输出 2 237 N·m 的最大扭矩。XCIENT Fuel Cell 的氢气加注系统基于 350 bar[①] 压力

图 2-1-8　现代 XCIENT Fuel Cell 燃料电池重卡

开发，根据环境温度的不同，加满氢气需要 8~20 min，目前实际应用于瑞士的各种物流事业。截至 2021 年 7 月，现代汽车共向瑞士出口 46 辆该车型，累计行驶里程已突破 100 万 km，同时现代汽车计划到 2025 年出口供应达 1 600 辆，并进一步向德国、荷兰等多个欧洲国家拓展氢燃料电池重卡供应。

3. 现代 ELEC CITY Fuel Cell 燃料电池巴士

现代公司生产的氢燃料电池巴士 ELEC CITY Fuel Cell（见图 2-1-9）搭载了由两个 90 kW 氢燃料电池组成的 180 kW 级氢燃料电池系统，在多坡道的道路条件下也能提供充足的驱动力，同时在车辆上部装备了 5 个储氢罐，总共可储存 34 kg 氢气，续航里程达 500 km 以上。该车型于 2019 年试运行，2020 年量产，截至 2021 年 7 月，氢燃料电池巴士 ELEC CITY Fuel Cell 已在韩国普及 108 辆。另外，现代汽车在 2020 年 9 月向沙特阿拉伯出口 2 辆氢燃料电池巴士 ELEC CITY Fuel Cell 之后，2021 年 6 月又向德国慕尼黑两家巴士运营商提供了 2 辆氢燃料电池巴士试验车。

图 2-1-9　现代 ELEC CITY Fuel Cell 燃料电池巴士

---

① 1 bar = 0.1 MPa。

一、现代 NEXO 和丰田 Mirai 燃料电池汽车的技术解析

1. 低温冷起动技术

低温冷起动一直都是燃料电池汽车发展的技术难点。目前存在三种低温冷起动的技术方案，包括保温法、加热法和吹扫法。现代 NEXO 和丰田 Mirai 两款车型的低温冷起动均采用吹扫法，但在控制策略上有所不同。丰田燃料电池汽车主要遵循三个原则，即起动时快速升温、加快水的排放以及增加水的热容，具体的控制逻辑为：系统起动—快速暖机—水含量控制—关机吹扫—停机，通过这几个步骤对内部的水含量进行严格控制。NEXO 则利用自身结构的优势，通过搭载的热敏电阻快速加热电堆的冷却系统，使电堆的温度升高，在 47 s 内即可起动成功，使用四向阀有效地提高低温冷起动效率。表 2 – 1 – 4 所示为丰田 Mirai 和现代 NEXO 燃料电池汽车的参数对比。

表 2 – 1 – 4　丰田 Mirai 和现代 NEXO 燃料电池汽车的参数对比

项目	丰田 Mirai	现代 NEXO
续驶里程/km	850	800
氢气瓶容积/L	141	156.6
电堆体积功率密度/（kW·L^{-1}）	4.4×10^3	3.1×10^3
电堆单体数量/片	370	440
电堆功率/kW	128	95
最高车速/（km·h^{-1}）	175	179
低温冷起动时间/s	77	47

2. 系统集成技术

高集成度燃料电池系统是满足乘用车商业化的必要条件。NEXO 的燃料电池系统集成度可以与传统内燃机相媲美，体积做的更小，其主要采用三种措施来提高集成度，一是采用了全新的热管理系统，利用双向阀门和四向阀门改善电堆制冷剂的温度控制响应性；二是在空气控制系统一侧，空气进气阀和空气出气阀集成为一个小的零部件；三是氢气循环系统已由传统的循环方式转变成引射器模式，大大减小了体积。Mirai 燃料电池汽车为了提高系统的集成度，对空气、氢气、冷却系统等零部件进行更新，提高了燃料电池电堆及系统各零部件的性能；在电堆等重要部件上提高了体积功率密度，减少了材料使用量，精简结构；在空气压缩机以及氢气零部件等关键子系统上提高了利用率；综合各种技术方式，降低了系统的复杂程度，使其更好地在乘用车中应用。

3. 能量控制策略

对于 Mirai 和 NEXO 这种全功率车型来说，在整个控制过程中动力电池和燃料电池的状态都会维持在相对稳定的范围，以保证使用的需求和寿命。在进行续驶里程和能量流测试的

数据中，发现 Mirai 动力电池 SOC 状态和燃料电池功率基本上会维持在 3：10 的功率比，而 NEXO 则会维持 SOC 状态在 50% ~65% 之间，以满足使用需求。

二、韩国氢能策略对我国燃料电池汽车产业发展的启示

韩国氢能产业的快速发展，对于我国的燃料电池汽车产业起到了很好的示范借鉴作用。

第一，通过制定法律和制度，在形成初期氢能产业化发展条件的同时，尽快制定详细的实施计划，使政策目标和支持/激励方式具体化，从而消除企业参与的不确定性因素。如韩国政府于 2021 年实施全球首部"氢经济法"，这可成为参照的案例。

第二，加强城市试点，通过有效利用外资企业的技术和投资，加快中国氢能产业增长，为实现 2060 年"碳中和"、扩大国际合作做出贡献。

第三，建立包括氢能生产、储存/运输、加氢、应用在内的生态系统，促进产业全面均衡发展。氢燃料电池乘用车的普及能积累氢燃料电池车的使用经验，提高社会对氢能产业的认识和接受度，通过规模经济降低成本，对打造企业自发参与市场的良性循环结构有显著助力。

第四，为了激励氢燃料电池车的普及，加快加氢基础建设设施，加大对氢气价格补贴的支持。

任务三　美国燃料电池汽车发展现状调研

✓ 学习目标

1. 了解美国车用氢能产业发展现状；
2. 了解美国燃料电池汽车典型车型；
3. 认识美国氢能产业示范推广情况。

📎 引导问题

为了确保在新兴技术领域的领先地位，美国十分重视氢能产业链上下游的相关技术培育，涉及氢气的生产、储运、燃料电池制造、燃料电池汽车以及加氢站基础设施等。美国在氢能领域拥有大量专利，在氢燃料电池汽车市场、加氢站利用率等方面处于全球领先水平。因此，了解美国氢能政策和燃料电池汽车产业发展状况对理解我国燃料电池产业发展策略具有重要意义。那美国政府对发展氢能的支持政策有哪些？其产业发展现状如何？典型的燃料电池汽车车型又有哪些呢？

📍 任务工单

任务名称	美国燃料电池汽车发展现状调研	班级		日期	
小组成员		组号		组长	
实训教室		设备		课时	
任务描述	调研美国氢能战略以及燃料电池汽车产业发展现状，能够识别美国燃料电池汽车典型车型。				
学习目标	**一、总目标** 1. 了解美国氢能产业相关支持政策以及燃料电池汽车产业的发展现状； 2. 识别美国主流的燃料电池汽车车型，并了解相关车型的具体性能参数。 **二、专业能力目标** 1. 能够描述美国氢能产业发展战略； 2. 能够描述美国燃料电池汽车产业发展现状； 3. 能够指出相关车型的技术特点。 **三、方法能力目标** 1. 能够利用互联网资源查询美国氢能产业最新发展动态； 2. 能够利用网络检索美国典型燃料电池车型的最近技术现状； 3. 能够通过小组讨论形式分析美国燃料电池汽车产业发展特点。				

职业能力二　调研燃料电池汽车的发展现状

学习目标	**四、社会能力目标** 　1. 能够组织小型研讨； 　2. 能够和小组成员一起协作分析； 　3. 能够形成对比、分析资料的能力。
资讯收集	1. 美国政府通过哪些政策保持其在燃料电池技术及产业发展领域的领先地位？ 　2. 对比日本和韩国氢能发展战略，美国的战略有哪些不同？ 　3. 美国燃料电池汽车的典型车型有哪些？在技术上有何特点？ 　4. 美国燃料电池汽车产业链发展现状如何？相关企业有哪些？
决策与计划	**请根据任务要求，制定任务实施计划，确定所需要的检测仪器、工具，并对小组成员进行合理分工。** 　1. 需要的检测仪器、工具或设备 　　＿＿＿＿＿＿＿＿＿＿＿＿＿＿＿＿＿＿＿＿＿＿＿＿＿＿＿＿＿ 　　＿＿＿＿＿＿＿＿＿＿＿＿＿＿＿＿＿＿＿＿＿＿＿＿＿＿＿＿。 　2. 小组成员分工 　　＿＿＿＿＿＿＿＿＿＿＿＿＿＿＿＿＿＿＿＿＿＿＿＿＿＿＿＿＿ 　　＿＿＿＿＿＿＿＿＿＿＿＿＿＿＿＿＿＿＿＿＿＿＿＿＿＿＿＿。 　3. 实施计划 　　＿＿＿＿＿＿＿＿＿＿＿＿＿＿＿＿＿＿＿＿＿＿＿＿＿＿＿＿＿ 　　＿＿＿＿＿＿＿＿＿＿＿＿＿＿＿＿＿＿＿＿＿＿＿＿＿＿＿＿。

		根据任务要求填写实施方案或操作步骤。			
实施					

	评价指标		组内自评	组间互评	教师评价
方法能力和社会能力（__%）	劳动态度（__分）				
	工作纪律（__分）				
	安全操作（__分）				
	环境保护（__分）				
	团队协作（__分）				
专业能力（__%）	任务方案（__分）				
	实施步骤（__分）				
	完成结果（__分）				
	任务工单完成（__分）				
	合计得分				
	本次最终得分（组内自评__% + 组间互评__% + 教师评价__%）				

(左侧第一列标注：检查与评估)

 **知识材料**

一、美国燃料电池汽车发展现状

1. 美国氢能发展政策与战略

美国是首先提出氢经济的国家。2002 年 11 月，美国能源部发布《国家氢能发展路线图》，明确了氢能的发展目标，制定了详细的发展路线。2014 年，美国颁布《全面能源战略》，开启了新的氢能计划，重新确定了氢能在交通转型中的引领作用。2017 年，美国政府宣布继续支持 30 个氢能项目建设，推动氢工业的快速发展。从 2000 年到 2040 年，美国氢能发展将每 10 年实现一个阶段，预计 2030—2040 年美国将全面实现氢能源经济。

2015 年，美国能源部提出了大规模融合氢能（H2@ Scale）的能源系统概念，推动氢能

大规模生产与应用。2016 年，美国有 10 个州颁布相关政策，支持燃料电池产品逐步投入市场，包括氢燃料电池汽车税收减免，在工厂、居民区等地安装燃料电池发电系统等。2019 年 3 月，美国能源部宣布将高达 3 100 万美元的资金用于推进 "H2@ Scale"。美国主要氢能及燃料电池政策汇总情况如表 2 – 1 – 5 所示。

表 2 – 1 – 5　美国主要氢能及燃料电池政策汇总情况

年份	政策及主要内容
2002 年	发布了《国家氢能发展路线图》，提出 "自由燃料"（Freedom Fuel）计划，旨在开发可用于商业用途的氢燃料，以降低对石油的依赖度
2003 年	发布总额超过 12 亿美元的氢燃料电池开发计划，核心是 "氢、燃料电池及基础技术"（HFCIT）开发项目
2005 年	出台《能源政策法》，法案规定今后 10 年将投入 123 亿美元支持氢能和燃料电池技术研发，同时对购买燃料电池汽车返税 8 000 美元以上，对加氢站建设或家用燃料电池给予 30% 的补偿
2012 年	美国联邦政府将向能源部（DOE）拨款 63 亿美元，用于燃料电池、氢能、车用替代燃料等清洁能源的研究、开发、示范、部署等活动
2012 年	DOE 宣布将投资 240 万美元用于收集和分析加氢站氢气加注部件的数据。2012 年 7 月该计划通过分析加氢站、加注部件和创新技术的实际运行数据，帮助制造商提高相关部件的设计和制造水平，促进氢气加注技术的进步
2018 年	根据可再生能源投资税收抵免（ITC）政策，将在五年内逐步减少 30% 的税收，最终确保燃料电池产品（包括固定电站和物料运输行业）达到其他清洁能源技术同等发展水平
2020 年	公布氢能计划发展规划，提出了未来 10 年及更长时期氢能研究、开发和示范的总体战略框架，明确了氢能发展的核心技术领域、需求和挑战及研发重点

2. 美国燃料电池汽车产业发展现状

在燃料电池乘用车方面，加州是美国燃料电池汽车推广最成熟地区。截至 2019 年 2 月，美国燃料电池乘用车保有量超 6 500 辆，是全球保有量最高的国家。从品牌来看，以 Mirai 为主，其销量超过 5 000 辆。美国燃料电池乘用车主要在加州运营，其中运营的燃料电池公交车达 31 辆，规划中的燃料电池公交车 21 辆。

在加氢站建设方面，美国的加氢站主要集中在加州地区和美国东北部地区，东北部地区项目由美国液化空气集团与丰田公司推动和主导，加州地区参与建设加氢站的企业包括空气产品公司及 Shell、Linde、丰田、本田等公司。全美目前已投运加氢站 39 座，计划到 2025 年建成 200 座，2030 年建成 1 000 座。

二、美国燃料电池汽车主要车型

1. Xcelsior CHARGE H_2 燃料电池巴士

2019 年 3 月，北美最大巴士制造商 New Flyer 推出 Xcelsior CHARGE H_2 燃料电池—电动重型运输巴士，如图 2-1-10 所示。该车型搭载 150 kW 燃料电池系统以及 8 个 350 bar 的储氢罐，并配有 47 kW·h 的锂离子动力电池，续航里程可达到 482 km。目前 New Flyer 已向 3 家运输机构交付 25 辆 Xcelsior CHARGE H_2 燃料电池电动巴士，并准备投入运营。

2. Van Hool 燃料电池客车

美国 Van Hool 公司于 2018 年推出了 Van Hool A330 燃料电池客车，如图 2-1-11 所示。该款车型全长为 12 m，双轴，配备了巴拉德动力系统（Ballard Power Systems）系列的最新款 FC Velocity - HD 85 kW 燃料电池模块及 210 kW 西门子 PEM 牵引电动机。该客车的储罐可载 38.2 kg 的氢气，全天行驶里程数将达到 350 km。

图 2-1-10　Xcelsior CHARGE H_2 燃料电池巴士　　　图 2-1-11　Van Hool 燃料电池客车

3. 尼古拉燃料电池重卡

2021 年美国尼古拉汽车公司公布了两款超大体积的 8 轮卡车 Nikola Tre Cabover 氢燃料电池版以及 Nikola Two FCEV Sleeper，两款车型均采用氢燃料电池进行供电，如图 2-1-12 所示。

（a）　　　　　　　　（b）

图 2-1-12　尼古拉燃料电池重卡

（a）Nikola Two FCEV Sleeper；（b）Nikola Tre Cabover

氢燃料电池版 Nikola Tre Cabover 为跨区域运输设计，于 2022 年年初进行道路测试，预计 2023 年下半年投产。Nikola Tre Cabover 基于欧洲版高身平头车 Iveco S – Way，使用依维柯底盘，续航约 805 km。

Nikola Two FCEV Sleeper 专为长途陆路运输设计，其续驶里程可达 1 448 km，扭矩为 1 475.12 N·m，发动机功率约为 745.7 kW。该车型预计将于 2024 年正式上市。

一、美国《氢经济路线图》的主要内容

2019 年 11 月，美国燃料电池和氢能协会（FCHEA）发布的《氢经济路线图》规划了不同阶段氢能供应路径、氢能需求总量，以及燃料电池汽车应用市场规模和航空、水运推广路径（路线图如图 2 – 1 – 13 所示），明确到 2050 年，二氧化碳排放量降低 16%，氮氧化物排放量降低 36%，氢能将占到美国终端能源消费的 14%，交通运输将成为氢能应用的主要领域。

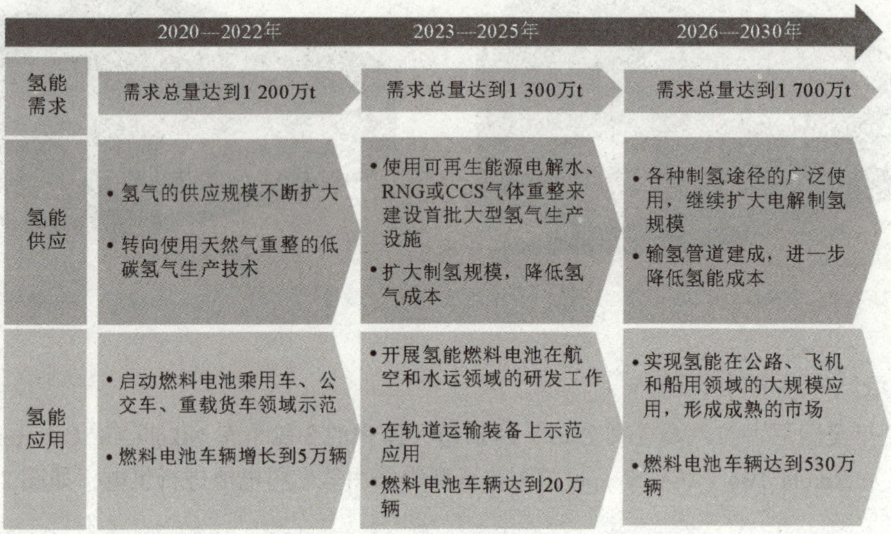

	2020—2022 年	2023—2025 年	2026—2030 年
氢能需求	需求总量达到 1 200 万 t	需求总量达到 1 300 万 t	需求总量达到 1 700 万 t
氢能供应	• 氢气的供应规模不断扩大 • 转向使用天然气重整的低碳氢气生产技术	• 使用可再生能源电解水、RNG 或 CCS 气体重整来建设首批大型氢气生产设施 • 扩大制氢规模，降低氢气成本	• 各种制氢途径的广泛使用，继续扩大电解制氢规模 • 输氢管道建成，进一步降低氢能成本
氢能应用	• 启动燃料电池乘用车、公交车、重载货车领域示范 • 燃料电池车辆增长到 5 万辆	• 开展氢能燃料电池在航空和水运领域的研发工作 • 在轨道运输装备上示范应用 • 燃料电池车辆达到 20 万辆	• 实现氢能在公路、飞机和船舶领域的大规模应用，形成成熟的市场 • 燃料电池车辆达到 530 万辆

图 2 – 1 – 13　美国氢经济路线图

二、美国燃料电池相关代表企业

1. Bloom Energy

公司成立于 2001 年，主要产品为 SOFC（固体氧化物燃料电池），如图 2 – 1 – 14 所示，公司标准配置为 250 kW 的燃料电池系统，通过任意数量的系统组合可以提供数百千瓦到数十兆瓦的燃料电池系统，下游客户包括沃尔玛、谷歌、联邦快递等知名企业。目前，Bloom Energy 的固体氧化物燃料电池已部署在医疗保健、数据中心、关键制造、零售商等领域的数百个应用中。

图 2 - 1 - 14　Bloom Nnergy 生产的 SOFC 燃料电池系统

2. Fuel cell Energy

公司成立于1969年，1992年上市，主营MCFC（熔融碳酸盐燃料电池），为客户提供燃料电池发电技术解决方案，包括项目的设计到安装和长期的运营维护，主要产品包括SureSource 1500™（1.4 MW）、SureSource 3000™（2.8 MW）、SureSource 4000™（3.7 MW）（见图2-1-15），适用于污水处理厂、制造厂、大学、公园、数据中心等场景，SureSource 3000™覆盖三大洲，在全球50个地区的100家工厂生产电力超800万 kW·h。

(a)　　　　　　　　　　　　　　　　　(b)

图 2 - 1 - 15　SureSource 1500™ 发电厂、SureSource 3000™ 发电厂

(a) SureSource 1500™ 发电厂；(b) SureSource 3000™ 发电厂

3. Gore

Gore 成立于1958年，是全球质子交换膜领军企业。依托聚四氟乙烯（PTFE）技术，公司生产出应用于医疗、纺织等行业的多款产品，公司销售遍布全球25个国家，同时在美国、德国、英国、中国和日本均设有生产工厂。其主要产品为 GORE SELECT ® 质子交换膜、GORE ® PRIMEA ® 膜电极组件。丰田 Mirai、本田 Clarity、现代 NEXO 均选用 Gore 公司的质子交换膜。

任务四　欧洲燃料电池汽车发展现状调研

 学习目标

1. 了解欧洲氢能产业发展现状；
2. 了解欧洲燃料电池汽车典型车型；
3. 认识欧洲氢能产业示范推广情况。

引导问题

欧盟为了更好地应对能源和气候变化的挑战，实现其减排目标，非常重视燃料电池和氢能技术的发展。欧洲各国不仅将氢能产业提升到国家战略高度，还出台了相应支持政策和中长期发展规划，现已在燃料电池汽车技术研发、产业链构建及加氢站建设方面取得优势。那么欧洲的主要氢能政策有哪些？燃料电池汽车产业在欧洲的发展现状又如何呢？

任务工单

任务名称	欧洲燃料电池汽车发展现状调研	班级		日期	
小组成员		组号		组长	
实训教室		设备		课时	
任务描述	了解欧洲氢能战略以及燃料电池汽车产业发展现状，能够识别欧洲燃料电池汽车典型车型。				
学习目标	**一、总目标** 　1. 认识欧洲氢能产业相关支持政策以及燃料电池汽车产业的发展现状； 　2. 识别欧洲主流的燃料电池汽车车型，并了解相关车型的具体性能参数。 **二、专业能力目标** 　1. 能够描述欧洲氢能产业发展战略； 　2. 能够描述欧洲燃料电池汽车产业发展现状； 　3. 能够指出相关车型的技术特点。 **三、方法能力目标** 　1. 能够利用互联网资源查询欧洲氢能产业最新发展动态； 　2. 能够利用网络检索欧洲典型燃料电池车型的最近技术现状； 　3. 能够通过小组讨论形式分析欧洲燃料电池汽车产业发展特点。				

学习目标	**四、社会能力目标** 1. 能够组织小型研讨； 2. 能够和小组成员一起协作分析； 3. 能够开展调研、分析文献。
资讯收集	1. 欧洲政府通过哪些政策保持其在燃料电池技术及产业发展领域的领先地位？ 2. 对比日本和韩国氢能发展战略，欧洲的战略有哪些不同？ 3. 欧洲燃料电池汽车的典型车型有哪些？技术上有何特点？
决策与计划	请根据任务要求，制定任务实施计划，确定所需要的检测仪器、工具，并对小组成员进行合理分工。 1. 需要的检测仪器、工具或设备 _____。 2. 小组成员分工 _____。 3. 实施计划 _____ _____。

职业能力二 调研燃料电池汽车的发展现状

		根据任务要求填写实施方案或操作步骤。			
实施					
		评价指标	组内自评	组间互评	教师评价
检查与评估	方法能力和社会能力（__%）	劳动态度（__分）			
		工作纪律（__分）			
		安全操作（__分）			
		环境保护（__分）			
		团队协作（__分）			
	专业能力（__%）	任务方案（__分）			
		实施步骤（__分）			
		完成结果（__分）			
		任务工单完成（__分）			
	合计得分				
	本次最终得分（组内自评__% +组间互评__% +教师评价__%）				

知识材料

一、欧洲燃料电池汽车发展现状

1. 欧洲氢能产业发展政策与战略

1）欧盟

欧盟于 2002 年成立了氢能与燃料电池高层小组，组织开展氢能愿景研究。2003 年，欧盟发布《氢能和燃料电池——我们未来的前景》，制定了欧洲向氢经济过渡的近期（2000—2010 年）、中期（2010—2020 年）和长期（2020—2050 年）三个阶段主要的研发和示范路线图，并针对氢能和燃料电池的关键领域进行重点攻关。2003 年，欧盟 25 国促成了"欧洲研究区（ERA）"项目，项目中的"欧洲氢能和燃料电池技术平台（EHFCP）"目的在于向欧盟委员会推进燃料电池和氢能技术发展的一些关键性领域，从而实现氢能源技术重点攻关。

　　2008年，欧洲工业委员会和研究机构等发起了《燃料电池与氢能联合行动计划项目》，2008—2013年该项目投资约9.4亿欧元，主要用于交通和基础设施、固定式发电和热电联产、制氢和氢气运输等领域的研究。2013年，欧盟委员会资助14亿欧元启动了第二阶段（2014—2024年）的《燃料电池与氢能联合行动计划项目》，目标将燃料电池系统成本降低90%，燃料电池发电效率提高10%。2016年，欧盟发布《可再生能源指令》，强调将氢能作为能源系统的重要组成部分。2019年2月，燃料电池和氢能联合组织（FCH）发布"欧洲氢能路线图"，该路线图根据17个欧洲主要工业参与者的意见制定，将为大约4 200万辆大型汽车、170万辆卡车、25万辆公共汽车和超5 500辆列车提供氢燃料。欧洲主要氢能及燃料电池政策情况如表2-1-6所示。

表2-1-6　欧洲主要氢能及燃料电池政策汇总

年份	国家/组织	政策或文件名称	主要内容
1990年	德国	燃料电池研究发展示范计划	推动燃料电池技术实现市场化
2000年	欧洲	至2005年欧洲的研发与示范战略	明确提出了2005年欧盟燃料电池研发所要达到的目标，其核心是降低燃料电池的成本
2006年	德国	国家氢燃料电池技术创新计划（NIP）	成立NIP计划，并于2006—2016年投资7.1亿欧元
2008年	欧盟	氢能源和燃料电池联合会（FCH-JU）技术发展计划项目	氢能源和燃料电池联合会成立，在2008—2013年至少斥资9.4亿欧元用于燃料电池和氢能的研究和发展
2012年	欧盟	Ene-field项目	实施了Ene-field项目，计划2012—2017年在12个欧盟成员国部署1 000套住宅燃料电池CHP装置
2016年	英国	氢能和燃料电池路线图	发布氢能和燃料电池路线图，未来拟在交通、家庭燃料电池等方面推进燃料电池
2018年	欧盟	H_2 Bus Europe项目	Nel与其商业伙伴共同开发，将投资近4 000万欧元用于部署燃料电池车队和配套基础设施，旨在将600辆燃料电池城市公交车投入使用，并通过Nel和H_2 Stations建立起充足的绿色氢气供应网络
2019年	欧盟	欧洲氢能路线图	FCH-JU发布"欧洲氢能路线图：欧洲能源转型的可持续发展途径"，预计到2050年氢能可占最终能源需求的24%，创造8 200亿欧元的市场
2020年	欧盟	欧洲氢能战略	欧盟计划未来10年内向氢能产业投入5 750亿欧元，其中4 300亿欧元直接投入氢能基础设施建设

2）德国

2004 年，德国政府牵头成立了国家氢能与燃料电池组织（NOW），以支持氢能经济的初期发展。NOW 在 2006 年启动了国家创新计划（NIP），通过该计划，共募集 14 亿欧元的专项资金用于 2007—2016 年的 750 个氢能项目开发。2007 年，德国正式推出第一个氢能和燃料电池技术国家创新计划，用以资助相关技术研发。目前，德国政府相关部门已确定将 NIP 计划延续第二期至 2028 年，NIP 二期的重点将包括研发和市场启动两个方面。

德国已实施了多个涉及氢气制取、运输、储存及燃料电池应用的氢能全产业链，在通信基站、加氢站、燃料电池车、氢能列车、氢区建设等方面实现了很好的应用。2007—2018 年，德国在氢燃料电池行业累计投资近 40 亿欧元，用于氢燃料电池技术研发。2018 年，BMVI 批准了总额超过 310 万欧元的资金申请，用于采购 223 辆燃料电池汽车。

3）北欧

北欧五国成立了"北欧能源研究组织"，专门负责包括氢能和燃料电池从生产到应用的能源计划。从 2003 年起，北欧能源研究组织计划每年投入经费资助氢能和燃料电池研发，资助的主要计划和关键领域集中在：氢能生产，包括生物制氢、电解制氢和天然气制氢；氢储存，主要是合金储氢；燃料电池网络及燃料电池技术的研发。

冰岛成立了由汽车制造商和电力公司组成的新能源联盟，计划在冰岛国内建立完全使用氢燃料的系统，并能出口氢燃料。丹麦科学技术创新部和丹麦能源署 2004 年制定了氢能战略，并制定了具体的开发燃料电池技术的战略和路线图。挪威政府成立了氢能委员会，代表不同行业、研发机构、政府部门和非政府组织，把开发氢能作为能源载体的国家目标，提出国家氢能计划并组织实施。

2. 欧洲燃料电池汽车产业发展现状

在乘用车的应用方面，德国境内约有 500 辆氢能源家用汽车。2017 年在德国汉堡和慕尼黑等地，已经有燃料电池轿车在共享出租车公司旗下提供租赁服务。宝马、奔驰、奥迪等汽车制造商与供应商对氢能和燃料电池乘用车的开发也投入了大量的支持，纷纷推出了自己的 FCV 概念车。德国奔驰公司推出了 B 级燃料电池车（B – Class F – cell），并于 2018 年推出了新款 FCV 版 GLC 2。宝马公司于 2010 年推出概念车 1 系燃料电池混合动力车，2012 年展出概念车 i8 燃料电池车，2015 年推出概念车 5 系燃料电池车。2016 年年底特律车展上，奥迪推出 H – Tron Quattro 氢燃料电池汽车。

在商用车的应用方面，欧盟基于欧洲城市清洁氢能（Clean Hydrogen In European Cities，CHIC）项目，自 2010 年启动到 2016 年开展了 54 辆燃料电池公交车的示范运营，分别在瑞士、意大利、英国、挪威、德国及意大利，其示范结果表明燃料电池公交车在运行期间表现良好，未影响公共交通的运行效率。

二、欧洲燃料电池汽车主要车型

1. 奔驰 GLC F – CELL

奔驰于 2018 年推出 GLC F – CELL，是世界第一款燃料电池插电式混合动力车，如图 2 – 1 –16 所示。在动力方面，GLC F – CELL 概念车搭载了氢燃料电池作为动力的主要来源，氢燃料由两个容量为 4 kg 的碳纤维储氢罐提供，一次加满需要 3 min。在加满氢燃料的情况下，GLC F - CELL 的续航里程可达到 437 km。除此之外，GLC F - CELL 概念车还配备了一套锂离子电池组，这套电池组可通过外接插座进行充电，一次充电完成可实现纯电动模式下 49 km 的续航里程。

图 2 - 1 - 16　奔驰 GLC F - CELL 燃料电池汽车

2. 宝马 iX5 Hydrogen

宝马 iX5 Hydrogen（见图 2 - 1 - 17）基于 BMW i Hydrogen NEXT 氢燃料概念车打造，延续宝马 X5 的外观设计。在动力方面，宝马 iX5 Hydrogen 采用了氢燃料电池技术与最新一代宝马 eDrive 电力驱动技术集成的驱动系统，氢能系统可为这台宝马 iX5 Hydrogen 提供 275 kW 的最大功率。在储能系统方面，宝马 iX5 Hydrogen 拥有两个压力达到 700 bar 的碳纤维压力罐，总共可容纳 6 kg 的氢，氢能系统稳定输出 125 kW 的电能，为电池系统充电。

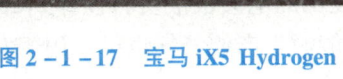
图 2 - 1 - 17　宝马 iX5 Hydrogen

拓展学习

一、氢燃料电池列车

2018 年，阿尔斯通的燃料电池列车 Coradia iLint 在德国正式运营，这也是全球首列燃料电池列车，如图 2 - 1 - 18 所示。Coradia iLint 最高时速可达 140 km/h，一次可乘坐多达 300 名乘客，在燃料充足的情况下，行驶距离可达 600 ~ 800 km。其燃料箱放在车顶位置，其中氢和氧结合产生的能量直接转化为电能实现驱动，同时列车还装备有特殊的能量储蓄设备，以备不时之需。与柴油动力火车相比，Coradia iLint 除了环保以外，基本可以说是"无噪声"。Coradia iLint 的出现，使再生能源和清洁能源列车在性能上实现了与柴油动力列车的可替代。

图 2 - 1 - 18   Coradia iLint 燃料电池列车

二、《欧洲氢能路线图》主要规划

2019 年 2 月，欧洲燃料电池和氢能联合组织（FCH - JU）发布了《欧洲氢能路线图》，提出了到 2030 年氢能发展的路线图，为氢能和燃料电池在欧洲的大规模推广指出了路径。

在交通领域，预计到 2030 年达到 370 万辆氢燃料乘用车、50 万辆氢燃料轻型商用车及 4.5 万辆氢燃料重卡和公交车的氢燃料汽车保有量。同时，到 2030 年，预计将有 570 辆氢燃料列车替代现有的列车。在加氢站方面，预计 2030 年将有 3 700 个大型加氢站。在氢气生产方面，预计在 2030 年以极低的碳排放实现约三分之一的氢气生产，这些氢气可以被用于各行各业，如石油炼制中的加氢反应和生产合成氨等。在发电方面，预计到 2030 年氢气发电厂也可以得到大规模的概念验证。由于有大量未被利用的新能源电力（如弃风弃光等），这些新能源若没有合适的储电设备，则发出的电会被浪费，预计到 2030 年，这些被浪费的电力可以用于生产氢气，而这些由可再生能源生产的氢气也可以用于发电，最大限度地避免新能源的浪费。

项目二　我国燃料电池汽车发展现状调研

任务一　我国燃料电池汽车发展现状调研

学习目标

1. 了解我国燃料电池汽车市场现状；
2. 了解我国燃料电池汽车技术现状；
3. 识别我国燃料电池汽车相关车型。

引导问题

目前，我国燃料电池汽车市场仍处于产业发展初期。随着燃料电池汽车政策逐步明朗，自主产业链逐步完善，燃料电池汽车经济性逐步提高，燃料电池汽车关键技术持续突破及车型更加丰富，用车环境加快成熟，未来几年燃料电池汽车产业将保持平稳快速增长。那么，我国的燃料电池汽车产业是如何发展的呢？目前，我国有哪些典型的燃料汽车车型呢？

任务工单

任务名称	我国燃料电池汽车发展现状调研	班级		日期	
小组成员		组号		组长	
实训教室		设备		课时	
任务描述	利用多种方法调研我国燃料电池汽车市场现状和技术现状，并对我国燃料电池汽车典型车型进行了解。				
学习目标	**一、总目标** 1. 认识我国及燃料电池汽车产业的发展现状； 2. 能够识别我国燃料电池汽车主流车型，并了解氢能及燃料电池汽车相关企业。 **二、专业能力目标** 1. 能够描述我国燃料电池汽车市场现状； 2. 能够描述我国燃料电池汽车技术发展现状； 3. 熟悉典型燃料电池汽车的品牌及技术特点。				

学习目标	**三、方法能力目标** 　1. 能够利用互联网资源查询我国燃料电池市场最新动态； 　2. 能够通过文献查询我国燃料电池汽车车型及技术特点； 　3. 能够通过小组讨论形式分析北京冬奥会对我国燃料电池产业发展的影响。 **四、社会能力目标** 　1. 能够组织小型研讨； 　2. 养成团队协作精神； 　3. 掌握调研文献、查阅资料的能力。
资讯收集	1. 我国燃料电池汽车近些年的销量如何？市场发展形势如何变化？ 　2. 近些年来我国在燃料电池技术上有哪些突破？与国外的燃料电池发展现状相比有哪些差距？ 　3. 我国的燃料电池汽车发展路线是什么？目前有哪些典型的燃料电池汽车车型？ 　4. 我国具有代表性的燃料电池汽车相关企业有哪些？发展现状如何？

决策与计划	请根据任务要求，制定任务实施计划，确定所需要的检测仪器、工具，并对小组成员进行合理分工。 1. 需要的检测仪器、工具或设备 _____ 。 2. 小组成员分工 _____ 。 3. 实施计划 _____ 。
实施	根据任务要求填写实施方案或操作步骤。

检查与评估	评价指标		组内自评	组间互评	教师评价
	方法能力和社会能力（__%）	劳动态度（__分）			
		工作纪律（__分）			
		安全操作（__分）			
		环境保护（__分）			
		团队协作（__分）			
	专业能力（__%）	任务方案（__分）			
		实施步骤（__分）			
		完成结果（__分）			
		任务工单完成（__分）			
	合计得分				
	本次最终得分（组内自评__% + 组间互评__% + 教师评价__%）				

 知识材料

一、我国燃料电池汽车发展现状

1. 我国燃料电池汽车市场现状

1）燃料电池汽车销量

目前，我国燃料电池汽车市场仍处于产业发展初期。2009—2016 年燃料电池汽车长期享有与纯电动汽车相当的补贴政策，2017—2020 年，燃料电池汽车补贴显著高于纯电动汽车。但受技术、经济性等不足的影响，2016 年前仅有数十辆燃料电池汽车小规模示范。2016 年以来，在"碳达峰""碳中和"战略目标要求以及燃料电池汽车示范应用政策的引导下，我国氢燃料电池汽车产业发展进程明显加快，社会资本积极布局，国内燃料电池汽车产业链不断完善，车辆示范运行和加氢基础规模不断扩大，氢能源车产量销量增长迅速。燃料电池汽车从 2016 年的 29 辆增长到 2019 年的 3 190 辆，产量复合年均增长率达到 379%，2020 受疫情影响略有滑坡，2021 年销量回升，达到 1 862 辆。燃料电池汽车近五年销量整体呈上升趋势。

2）燃料电池汽车车型结构

燃料电池车型结构受地方政府政策的影响较大。由于地方政府对燃料电池公交车采购支持力度较大，2020 年市场表现出一定的平稳性。2020 年燃料电池客车销量为 1 351 辆，同比增长 15%。而物流车作为运营工具，其营利性是用户购买的重要关注因素，补贴政策不明朗导致市场呈大幅下滑态势，货车销量同比下降 89%。随着燃料电池汽车示范政策的导向向中远途、中重型载货车倾斜，2021 年燃料电池货车及专用车销量占比大幅提升，占燃料电池汽车销量的 49%，燃料电池客车占燃料电池汽车销量的 50%。此外，还有 19 辆燃料电池乘用车投入运营。2016—2021 年燃料电池汽车车型结构如图 2-2-1 所示。

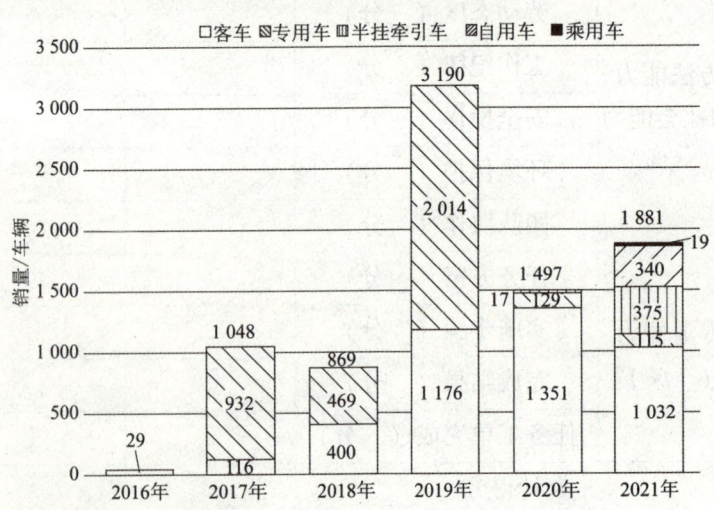

图 2-2-1　2016—2021 年我国燃料电池汽车销量走势和车型结构

2. 我国燃料电池汽车技术发展现状

1）车用燃料电池基础材料和零部件

在车用燃料电池基础材料和零部件方面，我国燃料电池汽车关键零部件自主化程度逐渐提高，创新型产品不断涌出，产品性能逐渐追赶国外先进技术。我国车用燃料电池的关键零部件，如空压机、氢气循环泵、电堆、双极板已基本实现国产化替代；基础材料碳纸、质子交换膜、催化剂已具备自主化生产能力。

在基础材料方面，国内已有公司可以开发拥有自主知识产权的 SEC 系列电催化剂；电堆方面，一些主要电堆企业均推出了在 -30 ℃ 环境中低温起动燃料电池电堆，其中一些自主化开发和生产的车用水冷型燃料电池电堆能实现 -30 ℃ 低温起动，技术指标达到国际先进水平；关键零部件方面，一些企业的空压机和氢气循环泵国产化率可达 90%，除油封、轴承两个关键部件为进口外，其余全部国产化。

2）燃料电池系统

在燃料电池系统方面，得益于国家在燃料电池汽车发展上的大力支持，燃料电池系统集成技术发展迅速，自主程度逐渐加大。2021 年亿华通发布了 120 kW、80 kW 两款新一代高功率燃料电池发动机系列产品 C120 和 C80Pro。该系列产品攻克了高功率密度和高稳性电堆开发、智能水管理、系统抗氧化等技术难点，采用自主化、高性能、大功率单电堆与氢气再循环系统联合匹配设计，具备 -35 ℃ 低温起动、-40 ℃ 低温储存功能，系统额定功率密度率达到 701 W/kg。重塑科技在 2021 年 6 月推出镜星十二"+"料电池系统，功率达到 130 kW，设计寿命达到了 30 000 h，作为系列升级产品，在多项技术指标均有进一步提升，质量比功率达到 702 W/kg。PROME P3X 为捷氢科技针对中重型卡车应用设计的大功率质子交换膜燃料电池系统，系统及电堆一级零部件均实现了 100% 国产化，其中电堆采用了捷氢科技自主研发的 PROME M3X，系统额定功率达到 117 kW，质量比功率达到 631 W/kg，耐久性达到10 000 h，可实现 -30 ℃ 下 30 s 内的快速起动，具有高集成度、易于商用车布置等优点，可应用于燃料电池中重型卡车及城际客车等领域。

2021 年我国代表性企业推出燃料电池系统相关技术指标见表 2 - 2 - 1。

表 2 - 2 - 1　2021 年我国代表性企业推出燃料电池系统相关技术指标

产品型号	YHTG120	镜星十二"+"	P3X	HYSYS - 120
生产厂家	亿华通	重塑科技	捷氢科技	新源动力
额定功率/kW	120	130	117	115
系统功率密度/（W·kg⁻¹）	701	702	631	—
冷起动温度/℃	-35	-30	-30	-30
设计寿命/h	—	30 000	10 000	10 000

3）燃料电池整车

在燃料电池整车方面，我国燃料电池汽车以商用车为主，以北汽福田、郑州宇通等为代表的燃料电池客车正在逐步市场化。宇通客车自 2009 年开始研发第一代燃料电池客车，并率先取得首个燃料电池商用车资质认证和产品公告，组建了行业首个氢能与燃料电池工程技术研究中心。宇通客车通过多年的技术积累，于2016年开发出第三代燃料电池巴士，目前正在开发第四代燃料电池巴士技术，计划实现燃料电池巴士的小规模示范运行。截至2020年10月，投放在河南郑州的223辆氢燃料电池公交车累计安全运行超500万km，创下中国氢燃料电池公交车安全运行里程记录。福田欧辉作为中国燃料电池商用车的龙头企业，已完成三代车型的开发，并逐步实现商业化运营。福田欧辉的第三代燃料电池汽车可实现−20℃低温起动，续驶里程也提高到500km。2016年福田欧辉燃料电池汽车获得全球首个100辆级的订单，实现了商业化运行。

4）燃料电池物流车

在燃料电池物流车方面，我国也有多年的技术积淀，目前已具备商业化发展条件。北汽福田早在2013年就启动了燃料电池增程式物流车项目，2017年又启动了全新平台的燃料电池环卫车项目。上汽大通在2017年的广州车展上正式展出燃料电池货车FCV80。FCV80搭载上汽集团自主研发的燃料电池电堆系统，使用便利性可媲美传统燃油商用车，目前已获得100辆的订单。除此之外，东风汽车和青年汽车开发的燃料电池物流车均已进入营运阶段。

二、我国燃料电池汽车代表车型介绍

1. 上汽荣威950

上汽集团是国内唯一一家氢燃料商用车和乘用车均实现量产的整车企业，从乘用车到客车、从商务车到轻卡，上汽集团在一步一步实现其燃料电池汽车"商乘并举"的宏大布局。2016年，公司推出荣威950氢燃料电池乘用车（见图2-2-2），该车续航里程达430km，是当时国内第一个

图2-2-2　荣威950燃料电池轿车

采用70MPa储氢系统且在当年唯一一款上榜工信部推荐目录的燃料电池乘用车。荣威950在2016年销售出51辆，现在转变模式做分时租赁。

2. 上汽FCV80氢燃料电池客车

2017年，上汽大通推出FCV80氢燃料电池客车，如图2-2-3所示。该车采用燃料电池系统为主、动力电池为辅的双动力源，最长续驶里程可达500km；在安全性方面，FCV80通过在高强度氢瓶加装密封机构实现了被动安全防护，通过乘员舱、氢瓶舱多方位加设氢泄漏传感器、红外线通信信息交互模块，实现了主动氢安全防护；在运营方面，该车目前在上海、佛山、抚顺等地已经实现了商业化运营，其中在上海、佛山等工业园区FCV80承担着通勤职责，在辽宁抚顺则承担着三条乡镇小客运专线和一条全县域旅游包车的任务。从2018年4月至今，在抚顺运营的FCV80，单车最高里程达到30 000 km以上，平均里程超过2.5万km，车辆总累积行驶里程超过100万km。

3. 申沃燃料电池城市客车

2018 年，上海申沃推出 SWB6128FCEV01 型燃料电池城市客车，如图 2 - 2 - 4 所示。该车由上汽前瞻技术研究部、上汽商用车技术中心和申沃客车联合研发，采用燃料电池系统为主、动力电池为辅的双动力源，车载储氢系统可储存 21 kg 氢，储氢压力为 35 MPa，最长续驶里程可达 560 km。

在安全性方面，车辆具备氢浓度实时监测及保护、氢气过压保护、自断氢保护、高压安全设计保护、碰撞安全设计保护等功能；在运营方面，2018 年 9 月 27 日，6 辆申沃牌 SWB6128FCEV01 型燃料电池城市客车正式交付嘉定公交，在嘉定 114 路上线运营。

图 2 - 2 - 3　FCV80 氢燃料电池客车　　　　图 2 - 2 - 4　申沃燃料电池城市客车

4. 福田欧辉氢燃料城间客车

2021 北京国际道路运输、城市公交车辆及零部件展览会上，福田欧辉发布了全新的福田欧辉 6122 氢燃料城间客车，如图 2 - 2 - 5 所示。福田欧辉 6122 氢燃料城间客车是国内首款采用 150 kW 大功率燃料电池发动机、70 MPa 氢系统的客车，氢燃料动力与燃料电池系统的效率最高可达 60%，热电联供能量转化率达到 85% 以上。

福田欧辉 6122 氢燃料城间客车具有高环境适应性、高安全、低氢耗等特点，可实现 -30 ℃ 低温起动并在 -40 ℃ 低温存放和停机自动保护。在车辆续航能力方面，该车型加注氢燃料时间为 15~20 min，综合工况续驶里程可达 600 km 以上，非常适合中长线公交、客运及团体运输。

图 2 - 2 - 5　福田欧辉 6122 氢燃料城间客车

 拓展学习

一、燃料电池汽车在北京冬奥会的示范推广

2022 年的北京冬奥会及冬残奥会期间，作为奥林匹克及残奥会全球合作伙伴的丰田汽车共向组委会提供了 2 205 辆丰田产品，其中包括了 140 台丰田第二代 Mirai 氢燃料电池乘用车，以及 107 台柯斯达燃料电池动力总成车型。作为本届冬奥会运输接驳工作的主力，福田欧辉共派出 515 辆氢燃料电池客车［见图 2 - 2 - 6（a）］，车型包含欧辉 BJ6116、BJ6122、BJ6906 和 BJ6956 等，在此次氢燃料电池客车保障车型中占比达 63%。

除此以外，宇通客车提供了 185 辆氢燃料电池客车服务于北京和张家口赛区；吉利星际派出 80 辆氢燃料电池城市客车 C12F 服务于张家口赛区；中通客车则提供了 40 辆新 N 系氢燃料电池客车作为媒体专用车，穿梭于各赛场、新闻中心，传播最新赛况；山东重工更是带来了中国第一辆具有完全自主知识产权的智能雪蜡车——黄河 X7 氢燃料电池重卡［见图 2 - 2 - 6（b）］，为我国参赛选手器材的维护提供了充分保障。

（a）　　　　　　　　　　　　　　　　（b）

图 2 - 2 - 6　福田氢燃料电池客车和黄河 X7 氢燃料电池重卡

（a）福田氢燃料电池客车；（b）黄河 X7 氢燃料电池重卡

在 2008 年北京奥运会以及 2010 年上海世博会上，均有氢燃料电池汽车的身影出现，参与示范的氢燃料电池汽车分别为 3 辆和 196 辆。与此前的两次示范相比，本次氢燃料汽车在北京冬奥会上的应用，不仅规模更大，相关的配套设施也更加齐全，标志着我国氢能和燃料电池汽车产业的茁壮成长。

二、与纯电动汽车错位发展

相较于纯电，氢燃料电池的优势在于更高的功率和能量密度，即在载重和续航方面有优势，而在配套设施方面相较纯电存在劣势；而对于纯电动车，虽然续航能力有弱势，但是能满足城市内的公交、物流车、环卫车等短途行驶的需求，由于当前的成本优势，短期内城市内交通工具的纯电化会更加迅速。表 2 - 2 - 2 所示为纯电动汽车和燃料电池汽车的关键参数对比。

表 2 – 2 – 2　纯电动汽车和燃料电池汽车的性能参数对比

	项目	纯电动汽车	燃料电池汽车	对比
性能可靠性	功率密度表现	1~1.5 kW/L	3~4 kW/L（电堆）	氢燃料更能适应大载重；锂电池自重大，影响重卡载重量
	能量密度表现	170（W·h）/kg（磷酸铁锂电芯）	>500（W·h）/kg	氢燃料当前在中途更具有差异化优势，且氢燃料为开放系统，续航还能进一步增长；纯电由于当前单位成本更低，虽然续航较短，但对于城市内公交、物流车、环卫车等适用性好
	续航能力	200~300 km（配备：300~400 kW·h电量）	约400 km（配备：110 kW氢燃料系统+100 kW·h锂电） >35 MPa×8 标准气罐：约400 km >70 MPa×8 标准气罐：600~700 km >液氢储罐：约1 000 km	
可靠性	使用寿命	约3万h	1.5万~2万h	氢燃料当前使用寿命无法满足商用车要求的约3万h的需求

因此，氢燃料适用的应用场景主要为以下三大类：

（1）固定路线：便于配套加氢站等基础设施，如矿山、港口、物流园区内等相对封闭和固定路线的场景，方便氢燃料汽车布局加氢站等配套能源加注设施。

（2）中长途干线：里程在400~800 km，超过纯电的续航上限，将成为氢燃料汽车的优势应用场景区间。

（3）高载重：纯电车型由于电池能量密度提升空间有限，重卡匹配一定续航里程的电池必然导致自重较大，因此氢燃料过渡到液氢路线后，车重较纯电优势进一步放大，在载重量具有更大需求的场景上将更有优势。

任务二　我国发展燃料电池汽车对策分析

✅ 学习目标

1. 了解我国燃料电池汽车产业面临的挑战；
2. 了解我燃料电池汽车产业发展相关对策；
3. 了解我国地区燃料电池汽车示范推广情况。

📖 引导问题

　　在过去的几十年里，氢气因其清洁、丰富、高能量密度和高转化效率的优势而成为一种有前途的替代品。中国氢能的发展在基础研究、政策体系和示范项目方面具有一定基础，但在燃料电池汽车实际应用方面仍面临较大挑战。那么我国在氢能利用方面面临的挑战有哪些呢？针对这些挑战我国政府实施了哪些对策？

📍 任务工单

任务名称	我国发展燃料电池汽车对策分析	班级		日期	
小组成员		组号		组长	
实训教室		设备		课时	
任务描述	认识我国氢能产业的发展现状及挑战，了解我国氢能发展对策，从而进一步理解我国氢能产业的发展战略。				
学习目标	**一、总目标** 　　1. 了解我国氢能及燃料电池汽车产业发展现状； 　　2. 认识发展过程中面临的挑战和不足，并了解针对这些不足我国提出了哪些发展对策。 **二、专业能力目标** 　　1. 了解我国燃料电池汽车发展过程中存在的不足和挑战； 　　2. 熟知我国氢能和燃料电池汽车发展对策； 　　3. 了解我国燃料电池汽车的示范推广情况。 **三、方法能力目标** 　　1. 能够通过小组讨论的方式分析我国氢能产业发展现状与挑战； 　　2. 能够查阅我国燃料电池汽车相关政策的具体内容； 　　3. 能够总结我国燃料电池汽车发展整体对策。				

学习目标	**四、社会能力目标** 1. 能够组织小型研讨； 2. 养成团队协作精神； 3. 掌握调研文献、查阅资料的能力。
资讯收集	1. 我国氢能及燃料电池汽车发展所面临的挑战有哪些？ 2. 面对挑战，我国通过哪些对策促进燃料电池汽车产业发展？ 3. 我国的燃料电池汽车推广现状如何？
决策与计划	请根据任务要求，制定任务实施计划，确定所需要的检测仪器、工具，并对小组成员进行合理分工。 1. 需要的检测仪器、工具或设备 _____ _____。 2. 小组成员分工 _____ _____。 3. 实施计划 _____ _____。

职业能力二　调研燃料电池汽车的发展现状

实施	根据任务要求填写实施方案或操作步骤。				

检查与评估	评价指标		组内自评	组间互评	教师评价
	方法能力和社会能力（__%）	劳动态度（__分）			
		工作纪律（__分）			
		安全操作（__分）			
		环境保护（__分）			
		团队协作（__分）			
	专业能力（__%）	任务方案（__分）			
		实施步骤（__分）			
		完成结果（__分）			
		任务工单完成（__分）			
	合计得分				
	本次最终得分（组内自评__% + 组间互评__% + 教师评价__%）				

知识材料

一、我国燃料电池汽车发展面临的挑战

1. 支持政策仍需加强

提高氢能的战略优先地位可以促进氢产业的大规模推广，提高公众对燃料电池汽车的接受度和氢能的竞争力。氢能的整体发展战略，特别是强制性法律法规以及推广目标和时间表等支持政策，还需要进一步明确。

2. 核心技术仍需突破

燃料电池相关技术将是促进氢燃料电池汽车商业化的重中之重，但在催化剂、质子交换膜和碳纸等关键材料上，我国仍需加强技术突破。此外，其他材料，如膜加湿器、双极板、空气压缩机、氢循环泵的生产也有待进一步加强。

3. 使用成本高、基础设施不完善

我国氢能使用成本仍然偏高，成本价格同发达国家还有较大差距。在基础设施方面，我国建成并正式运行加氢站仅占世界总站数的12.5%左右，无法满足大规模商业运营的要求。

4. 标准法规仍不完善

由于日本在燃料电池汽车技术方面的领先地位，联合国即将出台的关于燃料电池汽车的全球技术法规将在很大程度上采用日本标准，这对我国氢能发展会产生一定的影响。

二、我国燃料电池汽车发展对策

1. 国家氢能与燃料电池汽车发展政策

在产业快速发展过程中，政策对于我国氢能与燃料电池汽车技术创新、产业培育与示范应用起到了重要的引领和推动作用。

2020年10月以来，氢能及燃料电池汽车相继在国家"十四五"重点研发计划、新能源汽车产业规划、外商投资目录、绿色低碳循环发展、能源工作指导意见、自贸区生态环境保护、新型储能产业等十余项政策中体现，氢能与汽车、能源、储能等产业深度融合、协同发展，被认为是战略性新兴产业发展的重要方向。

2020年11月，国务院办公厅发布《新能源汽车产业发展规划（2021—2035年)》，提出力争经过15年的持续努力，燃料电池汽车实现商业化应用，氢燃料供给体系建设稳步推进，有效促进节能减排水平和社会运行效率的提高。2021年3月，国务院发布《中华人民共和国国民经济和社会发展第十四个五年规划和2035年远景目标纲要》，指出在发展壮大战略性新兴产业中，氢能被列为未来产业，组织实施产业孵化与加速计划，进行谋划布局。近些年来，国家氢能与燃料电池汽车相关政策见表2-2-3。

表2-2-3 国家氢能与燃料电池汽车相关政策

时间	政策	内容
2016年	《"十三五"国家战略性新兴产业发展规划》	到2020年实现燃料电池汽车批量生产和规模化示范应用
2016年	《能源技术革命创新行动计划（2016—2030)》	开展基于可再生能源制氢技术、新一代煤催化气化制氢和甲烷重整/部分氧化制氢技术系统研究；开展太阳能光解等新型制氢技术研究
2017年	《汽车产业中长期发展规划》	逐步扩大燃料电池试点示范范围
2018年	《推进运输结构调整三年行动计划（2018—2020)》	加大新能源城市配送车辆推广应用力度
2019年	《中国氢能源及燃料电池产业白皮书》	2050年氢能源占比约10%，氢能需求量接近6 000万t，加氢站达到1 000座以上

续表

时间	政策	内容
2020 年 10 月	《节能与新能源汽车技术路线图（2.0 版）》	提出 2030—2035 年实现氢能及燃料电池汽车的大规模应用，燃料电池汽车保有量达 100 万辆左右
2020 年 11 月	《新能源汽车产业发展规划（2021—2035 年)》	力争经过 15 年的持续努力，燃料电池汽车实现商业化应用，有效促进节能减排水平和社会运行效率的提高
2020 年 12 月	《新时代的中国能源发展》白皮书	提出加速发展绿氢制取、储运和应用等氢能产业链技术装备，促进氢能燃料电池技术链、氢燃料电池汽车产业链发展

2. 燃料电池汽车示范应用政策

示范应用类政策对产业发展起到了重要的推动作用。从电动汽车发展历程来看，以示范应用带动产业发展的政策引导思路取得了显著成效。2020 年 9 月，发布了《关于开展燃料电池汽车示范应用的通知》，将对燃料电池汽车的购置补贴政策调整为"以奖代补"方式，对符合条件的城市群开展燃料电池汽车关键零部件产业化攻关和示范应用给予奖励，示范期暂定四年，中央财政对示范城市群按照示范目标完成情况给予奖励，奖励资金由地方和企业统筹用于燃料电池汽车核心技术产业化、人才引进及团队建设，以及新车型、新技术的示范应用等。

此项燃料电池汽车示范应用政策是我国新能源汽车推广应用财政补贴政策的创新之举，明确了燃料电池汽车的政策支持方向，目的是形成产业链各环节环环相扣、强强联合态势，协同推进核心技术研发和产业化。该政策发布以来，引起了具备产业基础的地方政府、产业链各环节企业的高度关注，国内多个省市打破行政区域限制，在全国范围内选择产业链上优秀企业所在城市进行联合，积极组队申报示范城市群。

3. 氢能与燃料电池汽车发展对策展望

1）支持核心技术创新

围绕氢能关键设备、燃料电池核心材料等方面的关键技术，布局开展研发攻关，推动技术创新成果落地。支持氢能产业链关键装备、燃料电池汽车核心零部件研发及测试装备等企业加强关键技术攻关，吸引社会资本以股权投资、技术投资等方式参与氢能和燃料电池汽车产业链各环节技术创新，构建自主可控的燃料电池汽车产业体系。

2）完善配套支持政策

各城市群应尽快明确燃料电池汽车示范应用方案，制定发布城市群奖补政策、重点支持范围、资金分配机制和实施细则，加快落实加氢站建设、车辆示范运营、重点项目、创新平台等的政策支持，建立完善的配套政策支撑体系，为产业发展提供了较好的政策环境。

3）适时扩大燃料电池汽车示范区域范围

在燃料电池汽车示范城市群基础上，稳步推进燃料电池汽车示范应用，结合示范应用的实施效果和燃料电池汽车产业发展基础条件等情况，统筹研究考虑重视氢能及燃料电池汽车产业发展、积极性高、产业基础好的城市，适时扩大燃料电池汽车示范应用区域，推动燃料电池汽车尽早实现商业化应用。

4）强化车辆与加氢站运营安全管理

各地方城市应加快完善燃料电池汽车示范相关的氢能制、储、运、加、用全链条安全保障和应急管理机制与体系，引导燃料电池汽车和加氢站运营单位建立健全安全管理制度、操作规程和应急预案，强化运营安全管理和应急管理培训，制氢、储运、燃料电池汽车和系统生产制造单位对应急管理部门、加氢站运营单位进行培训。

5）开展氢燃料电池汽车全过程信息化运营监管

构建覆盖氢能制备、储运、加注以及终端应用各环节的氢燃料电池汽车大数据监管平台，实现车用氢气流通可追踪、安全高效调配、品质实时监控、碳排放可追溯的燃料电池汽车运行在线安全监控体系，为地方政府主管部门高效监管车用氢能供给和燃料电池汽车运行提供在线信息化管理平台和决策依据，为清洁氢认证与核算、车用氢气溯源与管理提供可视化平台、城市群示范奖补资金核算和发放提供数据支撑。

拓展学习

一、我国燃料电池汽车相关企业介绍

1. 宇通客车

宇通客车公司是国内最早建立燃料电池客车研发团队的企业之一，涵盖整车控制、燃料电池系统控制、整车及零部件试验验证等技术方向，自主研发了燃料电池电—电混合动力匹配与控制等多项核心技术。宇通自 2009 年开始研发第一代燃料电池客车以类，目前已完成三代燃料电池客车的开发，正在开发第四代燃料电池客车，并率先取得首个燃料电池商用车资质认证和产品公告，组建了行业首个氢能与燃料电池工程技术研究中心。截至2020 年 10 月，投放在河南郑州的 223 辆氢燃料电池公交车累计安全运行超 500 万 km，创下中国氢燃料电池公交车安全运行里程记录。除了郑州的 223 辆，宇通还在河北张家口、江苏张家港、山东潍坊等地累计批量投放燃料电池公交车超 100 辆。

宇通客车氢燃料电池整车产品开发状况见表 2-2-4。

表 2-2-4　宇通客车氢燃料电池整车产品开发状况

细分产品	8 m 公交	10 m 公交	12 m 公交	8.9 m 公交
车型	ZK6856FCEVG1	ZK6105FCEVG3	ZK6125FCEVG10	ZK6906FCEVQ1
最大总质量/kg	1 400	16 500	18 000	13 500
氢系统	35 MPa/6×140 L	35 MPa/8×140 L	35 MPa/6×140 L	35 MPa/5×140 L
续航里程（等速法）/km	480	600	600	460
最高车速/（km·h⁻¹）	69			90

2. 潍柴动力

公司于 2016 年战略投资国内氢燃料电池领先企业弗尔赛，并与弗尔赛在氢燃料电池客

车、重卡等产品开发方面开展深度合作。之后与罗伯特·博世有限公司（Bosch）和加拿大巴拉德动力系统有限公司合作，旨在建立国际一流的燃料电池汽车技术创新链和产业链，共同合作开发生产氢燃料电池及相关部件。

目前潍柴动力公司已推进国家燃料电池重大专项，完成多款燃料电池发动机的开发。截至 2021 年 3 月，已有 249 辆氢燃料电池公交车装配公司生产的氢燃料电池，且在济南、潍坊、聊城、济宁、无锡等地已开通 17 条氢燃料公交专线。公司燃料电池产品已累计运营 520 万 km，产品运转情况良好。

3. 上汽集团

上汽集团从 2001 年开始进行氢燃料电池技术开发。2016 年，上汽集团推出了搭载 PROME P240 燃料电池系统的荣威 950 燃料电池轿车；2017 年推出了上汽大通 FCV80 燃料电池轻客；2018 年又推出了搭载 PROME 260 燃料电池系统的申沃燃料电池客车，并在 2019 年将 PROME P390 燃料电池系统应用于上汽大通 G20FC。上汽将逐步推出燃料电池物流车、卡车等车型。

子公司捷氢科技专注于燃料电池核心技术的研发，目前已具有第三代车用质子交换膜燃料电池电堆，电堆功率可达 130 kW，功率密度为 3.8 kW/L，寿命超过 10 000 h，并且可以在 30~95 ℃的环境下正常起动使用。上汽大通 MAXUS EUNIQ7 是第三代燃料电池技术的首款车型，单次加满氢后其 NEDC 续航里程可达 605 km，百公里氢耗 1.18 kg。

4. 国鸿氢能

公司成立于 2015 年 6 月，公司主营业务包括电堆和系统集成生产、销售和研发，以氢燃料电池为核心产品。在技术层面，公司以引进技术为主，生产燃料电池电堆和系统集成，并全力推动氢燃料电池及上下游各环节的市场化应用。目前国鸿电堆性能已达到 2.5 kW/L。

在产业化层面，公司已建成年产 2 万台电堆的电堆生产线和年产 5 000 套集成系统的集成生产线。2018 年国鸿电堆市场占有率超过 70%，目前采用国鸿燃料电池电堆的超过 2 000 辆，在上海，燃料电池物流车实际运行已超过 600 万 km。

5. 亿华通

2015 年，亿华通控股上海神力开始布局国产化电堆研发及生产基地。2016 年起，亿华通燃料电池电堆产品性能升级并实现批量装车应用。2018 年，亿华通推出自主开发的新一代国产燃料电池，其电堆采用神力科技国产化电堆，具备 −30 ℃低温起动、−40 ℃低温储存功能，通过第三方强制检测电堆功率密度超过 300 W/kg，在功率密度、低温环境适应性、耐久性等多项关键性能上接近国际先进水平。目前，搭载亿华通燃料电池电堆的车型有 23 款，数量位居第一。

二、我国燃料电池汽车示范推广情况

1. 北京燃料电池汽车示范推广情况

截至 2018 年 7 月月底，北京和张家口共运行燃料电池客车 142 辆，并积极推进全球环境基金（CEF）/联合国开发计划署（UNDP）促进中国燃料电池汽车商业化运营项目的实施。

2018年10月，5辆氢燃料公交车投入北京公交384路进行新一轮示范运营（见图2-2-7），车辆采用北汽福田 BJ6123FCEVCEI-1 型燃料电池公交车，装配的动力系统最大功率为60 kW，并配以锰酸锂动力电池，总电量为41.4 kW·h，形成电—电混合动力配置，续驶里程超过350 km，额定载客78人。截至2019年4月月底，累计运营7.4万 km，预计年度平均单车行驶里程约3万 km，单车平均百公里氢耗10.03 kg，百公里燃料费700元左右。

图2-2-7 北京公交384路氢燃料电池汽车公交车

结合2022年北京—张家口冬奥会交通运输保障的整体规划，张家口市于2018年1月公开招标购买了49辆福田欧辉10.5 m燃料电池公交车和25辆宇通12 m燃料电池公交车，并于2018年7月开始陆续投入市1路、市23路和市33路使用。

2. 上海燃料电池汽车示范推广情况

上海市是最早开展燃料电池汽车研发的城市。早在"十五"期间，上海市已经开始规划发展氢燃料电池汽车产业，目前已经形成了较为完善的产业链，涵盖整车、关键零部件、公共平台以及基础设施，产业水平处于国内领先地位。

在示范推广方面，上海车辆推广数量及累计运营里程均为国内领先，合计推广车辆1 553辆（占全国比例21%），其中，物流车1 076辆、客车368辆、乘用车81辆、邮政车28辆，涉及乘用车租赁、公交线路运营、通勤/定制班车、物流配送、邮政投递厂内运输等各类场景；累计安全运营里程超过1 700万 km，单车最高运营里程超过8万 km。在加氢站建设方面，形成了"以车促站、车站联动"的建站模式，基本构建了纯氢站、油氢合建站等多种模式的供氢网络，已建成加氢站9座，涵盖35 MPa和70 MPa两种加注压力。

2021年8月，上海市入选全国首批燃料电池汽车示范城市群车头城市，按照示范推广目标，上海城市群计划推广应用5 000辆燃料电池汽车，建设57座加氢站，燃料电池汽车产业整体发展达到国际先进水平。

3. 大湾区燃料电池汽车示范推广情况

大湾区燃料电池汽车示范应用全国领先。截至2021年6月30日，广东省燃料电池汽车

累计销量达 2 622 辆，居全国第一，其中城市货车 1 637 辆、客车 975 辆、乘用车 10 辆。佛山市作为燃料电池汽车全国乃至全球推广量最多的城市，氢燃料电池汽车累计推广 1 477 辆，约占全国燃料电池汽车保有量的 20%，累计安全运行里程超过 1 390 万 km。广州黄埔区已投入 15 辆公交车、102 辆物流车示范运行，正在加紧推进燃料电池渣土车、环卫洒水车示范运行。

大湾区作为我国开放程度高、经济活力强的区域之一，目前在投入运行的燃料电池汽车中，区外品牌占比近 70%，包括中通客车、云南五龙、厦门金旅、东风汽车等。截至 2021 年 6 月 30 日，广东省接入燃料电池汽车示范运行监控平台的车辆总计 2 470 辆，占全国燃料电池汽车接入量的 37%，其中货车 1 421 辆、公交客车 1 046 辆、公路客车 3 辆，累计行驶里程达到 5 631 万 km，行驶里程占全国燃料电池汽车运营里程的 33.5%，燃料电池汽车推广量与行驶里程均居全国第一。

职业能力三

项目一　氢气及其储存认知

任务一　氢气的特性认知

✓ 学习目标

1. 了解氢气的特性；
2. 了解氢气的危险性。

引导问题

　　1938 年的一天，欧洲发生了一起飞机失事事件。那一天，晴空万里，是适合特技飞行的绝好天气。飞行员驾驶飞机升空，在碧蓝的天空中做着各种飞行动作，地面上观看的人们目不转睛地看着。忽然，飞机突然极速下降，无法控制。随着一声巨响，整架飞机爆炸起火，化成一堆废墟，飞行员当即死于这场空难，英国空军下令要求立即调查飞机失事的原因。

　　结果发现，这起事故并非人为的破坏，而是飞机发动机的主轴断成了两截。经过进一步检查，发现在主轴内部有大量像人的头发丝那么细的裂纹。人们不禁疑惑，为什么在发动机轴里会出现大量的"裂纹"呢？后来研究表明，这些"裂纹"的产生是由于钢在熔炼过程中有氢原子的混入而造成的。那么，氢气为什么有这样的威力，让发动机主轴断裂呢？让我们一起来了解氢气，正确认识氢气的特性。

📍 任务工单

任务名称	氢气的特性认知	班级		日期	
小组成员		组号		组长	
实训教室		设备		课时	

任务描述	通过认知氢气的特性，了解氢气的性质及其应用方向。
学习目标	**一、总目标** 1. 熟悉氢气的特性； 2. 根据特性合理推测氢气的应用方向，培养创新精神； 3. 了解氢气的物化特性，树立安全意识。 **二、专业能力目标** 1. 能够说明氢气的特性； 2. 能够说明氢气的应用； 3. 能够具备氢安全意识。 **三、方法能力目标** 1. 能够借助网络检索有关氢气特性的内容； 2. 能够通过氢气的特性合理推测应用方向； 3. 能够正确认知氢气的危险性。 **四、社会能力目标** 1. 能够组织小型研讨； 2. 能够较清晰地表达氢气的特性； 3. 能够与小组成员一起协作分析； 4. 能够理解生产安全、实训安全的重要性。
资讯收集	1. 什么是氢气？氢气有什么特性？ 2. 氢气的哪些特性可能会有危险性？ 3. 利用氢气的这些特性，氢气有哪些应用？

决策与计划	请根据任务要求，制定任务实施计划，确定所需要的检测仪器、工具，并对小组成员进行合理分工。 1. 需要的检测仪器、工具 _____ _____。 2. 小组成员分工 _____ _____。 3. 实施计划 _____ _____。				
实施	根据任务要求填写实施方案或操作步骤。				

检查与评估	评价指标		组内自评	组间互评	教师评价
	方法能力和社会能力（__%）	劳动态度（__分）			
		工作纪律（__分）			
		安全操作（__分）			
		环境保护（__分）			
		团队协作（__分）			
	专业能力（__%）	任务方案（__分）			
		实施步骤（__分）			
		完成结果（__分）			
		任务工单完成（__分）			
	合计得分				
	本次最终得分（组内自评__% + 组间互评__% + 教师评价__%）				

知识材料

氢气有以下基本特性：

一、最轻的气体

氢是一种特殊的化学元素，它在所有原子中是最小的，但是它却在元素周期表中位于首位。氢的化学符号为H，原子序数是1。氢通常是以单质形态氢气形式存在。氢气在通常条件下为无色、无味的气体，它的主要气体成分由双氢原子组成。

氢在宇宙中含量最高。在不同的压力和温度下，氢会呈现出不同的状态。比如，在101 kPa压强下，温度为 –252.87 ℃时，氢气可转变成无色的液体；温度继续下降为 –259.1 ℃时，液态的氢则会变成雪状的固体。氢原子藏在水中，可以使水有很强的导热能力。氢与氧化合就会生成水。氢是世界上最轻的气体，在0 ℃、1个大气压下，每升氢气只有0.09 g重——仅相当于同体积空气质量的1/14.5。

二、活泼的氢原子

当氢原子混进钢中时，一开始平平奇奇，什么也不会发生，但一旦"时机成熟"，它就会跑出来变成小的"氢气泡"，像"定时炸弹"一样，在外力作用下一触即发，使钢脆裂。这种脆裂就叫"氢脆"，就是本任务"引导问题"中提到的事故产生的最根本的原因。而羟基中的氢原子、羧基中的氢原子、α–H原子（跟官能团直接相连的碳原子上的氢）、酚羟基邻位和对位上的氢原子都是活泼氢原子。

三、易燃易爆的氢气

一般温度下，氢气并不容易与其他物质进行化学反应，具有稳定性。但一旦氢气遇到点燃、升温、使用催化剂等现象，就会发生燃烧、爆炸或者化合反应。当空气中所含的体积占混合体积的4% ~74.2%时，只要氢气遇到点燃就会引起爆炸，因此，这个体积分数范围又称为爆炸极限。

氢气和氟、氯、氧、一氧化碳以及空气混合均有爆炸的危险。其中，氢与氟的混合物在低温和黑暗环境就能发生自发性爆炸，与氯的混合比为1∶1时，在光照下也能引爆。氢由于无色无味，而且点燃的火苗也是透亮的，因此其存在性无法被人类感觉到。在许多情形下，人们会向氢气中加入乙硫醇，乙硫醇是一种无色液体，有蒜气味，混入氢气中可使氢气泄漏时能被嗅到，并可同时赋予火焰以颜色，这样人们便可以感知氢气泄漏。

四、可还原的氢气

氢气的另一个特点是还原性。氢气与氧化铜在加热的前提下进行还原反应。在这种化学反应的过程中，其实就是用氢夺去了氧化铜中的氧生成水，使氧化铜变为红色的金属铜。人们常利用氢气的还原性冶炼一些金属材料。

一、氢气的发现

在化学元素的发现史中，很难判断氢是谁发现的，因为曾经有许多人进行过制备氢的实验。十六世纪末期，瑞士化学家帕拉塞尔苏斯（原名西奥菲拉斯特·邦博斯特·冯·霍恩海姆）曾考虑到这种情况，用酸侵蚀金属材料可以形成某个能够点燃的物质，他在无意中曾经发现了氢气。1671年，爱尔兰的哲学家、化学家、物理学家和发明家罗伯特·玻义尔也曾经研究过氢气，并且他描述了氢气的化学性质。科学发现属于谁主要决定于科学发现本身的定义。在科学史上，人类最后将氢的发现者认定为亨利·卡文迪许（见图3-1-1），因为是他首先把氢气收集起来，进行科学研究，并明确了氢的密度等重要特性。

1766年，卡文迪许把一篇名为《论人工空气》的学术报告递交给英国皇家学会。在这一报告中，他所讨论的除了碳酸气以外，最重点说的便是氢气。卡文迪许采用铁和锌等与盐酸及稀硫酸反应的方法制取氢气，并将氢气用水银槽法收集起来。他认为，当少量的某种金属和足量的某种酸相互作用时，其产生的氢气量总是恒定不变的，与酸的浓度和种类无关。他还发现，氢气与普通空气点燃时会发生爆炸。所以卡文迪许认为这种气体才是"可燃空气"，这种气体比一般的空气质量低11倍，不溶于水或碱溶剂。

图3-1-1 亨利·卡文迪许

二、氢气爆炸事故案例

2019年6月是氢气爆炸事故的高发时段。从挪威加氢站爆炸、美国运输车爆炸再到韩国储氢罐爆炸，短短十几天的时间内世界范围内就发生了好几起氢气爆炸的相关事件。在经过这几次事件的警告后，2020年4月，美国一家氢燃料工厂又发生了爆炸，由此看来，氢能源的危害性还是比较大的。虽然氢能源具有非常高的效能，比较干净，对环境没有污染，但在未来能源发展的过程中，氢能源如何才能在生产中更好地保证安全，是要重点研究的课题。

职业能力三 探索氢与燃料电池

任务二　氢气的制取方式探寻

学习目标

1. 了解氢气的各类制取方式；
2. 理解化学燃料制氢的原理；
3. 理解水分解制氢的方法。

引导问题

　　"双碳"战略推进之下，氢能产业迎来发展风口。北上广深四大一线城市齐布局，勾勒出一幅诱人的氢能"世界"：2025 年，在京津冀，约 4 400 辆燃料电池重卡将往返于各港口至北京的运输线路；在上海，一批氢能公交车将行驶于金山、宝山、临港、嘉定、青浦等区域；在广州，30% 的环卫车将是燃料电池汽车；在深圳，氢能无人机将替代传统无人机展开海事巡逻……这不是天马行空，按照北上广深发布的氢能产业规划，这一切将是事实。到 2025 年，北上广深四大一线城市连同周边城市，将建成至少 167 座加氢站，示范运营超过 2.2 万辆燃料电池汽车，培育起数十家具有影响力的氢能企业，形成超过 3 000 亿元的氢能产业链。

　　我国燃料电池基础设施建设进入加速期，为燃料电池汽车商业化做好充分准备。便捷、高效的氢气制取方式是燃料电池发展的重要保障。那么，氢气可以通过哪些途径制取？每种方式有哪些特色？哪种制氢方式是最可持续发展的？

任务工单

任务名称	氢气的制取方式探寻	班级		日期	
小组成员		组号		组长	
实训教室		设备		课时	
任务描述	通过探寻和了解氢气制取的各类方式，对比分析各制氢方式的优缺点，分析燃料电池汽车氢气的最佳来源。				
学习目标	一、总目标 　1. 了解氢气制取的各类方式； 　2. 能够理解各制氢方式的特点； 　3. 能够分析燃料电池汽车的主要氢气来源。 二、专业能力目标 　1. 能够理解化学燃料制氢的原理； 　2. 能够了解其他制氢方式的原理； 　3. 能够对比各类制氢方式。				

学习目标	**三、方法能力目标** 　　1. 能够借助网络检索有关氢气制取的内容； 　　2. 能够通过比较法，正确梳理各种制氢方式的优缺点； 　　3. 能够分析燃料电池汽车的主要氢气来源。 **四、社会能力目标** 　　1. 能够组织小型研讨； 　　2. 能够较清晰地表述燃料电池汽车最佳氢气来源及其原因； 　　3. 能够和小组成员一起协作分析。
资讯收集	1. 制取氢气有哪些方式？这些方式都是何原理？ 2. 罗列各种制氢方式的优缺点。 3. 燃料电池汽车用氢最佳的来源方式是哪种？为什么？

决策与计划	请根据任务要求，制定任务实施计划，确定所需要的检测仪器、工具，并对小组成员进行合理分工。 1. 需要的检测仪器、工具或设备 　　　　　　　　　　　　　　　　　　　　　　　　　　。 2. 小组成员分工 　　　　　　　　　　　　　　　　　　　　　　　　　　。 3. 实施计划 　　　　　　　　　　　　　　　　　　　　　　　　　　。
实施	根据任务要求填写实施方案或操作步骤。

检查与评估	评价指标		组内自评	组间互评	教师评价
	方法能力和社会能力（__%）	劳动态度（__分）			
		工作纪律（__分）			
		安全操作（__分）			
		环境保护（__分）			
		团队协作（__分）			
	专业能力（__%）	任务方案（__分）			
		实施步骤（__分）			
		完成结果（__分）			
		任务工单完成（__分）			
	合计得分				
	本次最终得分（组内自评__% + 组间互评__% + 教师评价__%）				

 **知识材料**

常见的制氢方式如图 3 - 1 - 2 所示。

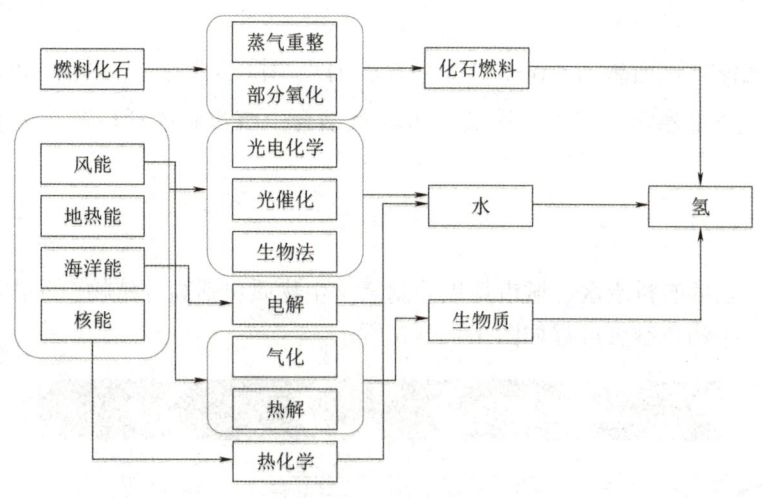

图 3 - 1 - 2　制氢方式

一、化石燃料制氢

目前，世界上 95% 的氢气是通过化石燃料重整获得的。氢能经济的关键技术是氢的规模化制取。

1. 煤为原料制氢

煤制氢的本质是用碳置换水中的氢，方法主要有以下两种：

（1）煤的焦化，隔绝空气，以 900 ~ 1 000 ℃ 高温制取焦炭副产品为焦炉煤气（含 55% ~60% 的氢气）。

（2）煤的气化，在高温下与水蒸气或氧气（空气）等发生反应转化成气体产物。氢气含量与气化方法有关。

2. 天然气制氢

天然气的主要成分甲烷中含有氢元素，用天然气制氢的方法有以下两种：

（1）天然气蒸气转化制氢，这种传统制氢过程伴有大量的二氧化碳排放。

（2）甲烷（催化）高温裂解制氢，制取 H_2 的同时还能得到碳，且不向大气排放 CO_2。该法技术简单，但是制造成本不低。

二、水分解制氢

1. 电解水制氢

水的电解主要步骤是在导电水溶液中通电，使水分解成 H_2 和 O_2。水电解步骤简单，所生成的氢气纯度最高，但需消耗较多电能。常压下电解制氢的能量利用率一般在 70% 以下，为提高效率，一般在 3.0 ~ 5.0 MPa 的压力下进行。

2. 高温水蒸气分解制氢

水直接分解需要 2 227 ℃以上的温度，工艺难度很大。为降低分解温度，可通过多步热化学反应制氢，此过程只消耗水和一定的热量。

3. 等离子体制氢

用电场电弧能将水加热到 5 000 ℃，分解成 H^+、H_2、O^{2-}、O_2、OH^- 和水。为了使等离子体中氢组分含量稳定，就需要使氢不再和氧结合。该步骤能耗较高，因此制氢成本也较高。

三、生物质制氢

利用富有机物的有机废水、城市垃圾等制氢。生物质包括高等植物、农作物、秸秆、藻类和水生植物。生物质制氢过程如图 3－1－3 所示。

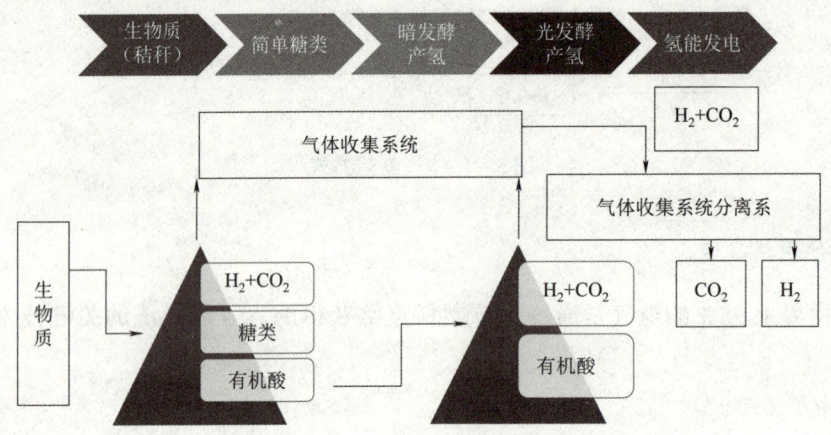

图 3－1－3　生物制氢示意图

1. 生物质气化制氢

将生物质原材料压制成型后，在气化炉（或裂解炉）中通过反应生成含氢的混合燃料气，当中的碳氢化合物再与水蒸气发生化学反应，生成 H_2 和 CO_2（参见天然气制氢）。

2. 微生物催化脱氢制氢

在常温常压下，可利用微生物进行酶催化反应制得氢气。用于制氢的微生物有以下两大类：

（1）光合细菌或藻类，在光照作用下使有机酸分解出 H_2 和 CO_2。

（2）厌氧菌，利用碳水化合物及蛋白质等，发酵产生 H_2、CO_2 和有机酸。如江河湖海中的某些藻类、细菌即有这种功能。

四、太阳能制氢

这是未来规模化制氢最具有吸引力且最具现实意义的途径，也可分为以下两种方式。

1. 间接制氢

太阳能间接制氢法主要是太阳能发电＋电解水制氢，这种方式是最环保的，不消耗任何不可再生资源。

2. 直接制氢

直接制氢法包括热分解法和光分解法。热分解法是指用太阳能进行裂解水，获得到氢和氧。但是这种方法须将水升温至很高温度，反应才能进行。光分解法是用光量子将水等含氢化合物分子中的氢键断裂来制氢，该方法效率较低。

拓展学习

国内主要制氢企业。

一、嘉化能源

目前，嘉化能源已成为长三角区域副产氢气的重要厂商之一。2019 年 4 月，与中国国际信托投资公司一起聚力于战略合作，凭借上海嘉化能源的氢供给资源优势，实现以上海市液氢工业为中心的制氢、储氢、运氢、加氢站等的领域基建整体方案供应商；与国福氢能及上海市重建完成战略合作，共同投资 5 000 万元建立合资公司，合资公司将重点负责上海市加氢站等氢能基建的项目建设与经营管理服务。

二、上海电气

在氢能应用领域，上海电气借助现有燃料设备的生产资源优势，充分发挥与现有洁净燃料设备在关联领域的协同优势，重点开展环保氢能设备生产，并积极开展了制氢、加氢和氢能利用等的技术示范。企业将通过科技发展迅速掌握绿氢生产的基础技术和基础装备生产水平。

三、先导智能

先导智能公司氢能装备业务的主要产品为氢能燃料电池整线解决方案，包括 PEM 电解槽制氢设备、膜电极生产、双极板生产、电堆及系统生产线、电堆测试平台等单机装备和生产线。

四、宝丰能源

宝丰能源公司电解水制氢所产氢的纯度可以达到 99.999%，不需要再纯化。宝丰能源主营业务：用煤炭替代原油，制造中高端化工产品。

五、兴发集团

兴发集团子公司研发的黑磷催化剂，可以用作光照水制氢气，是目前全球最节能且零碳排放的绿色制氢方法。

任务三　氢气的储存和运输方式探寻

学习目标

1. 理解氢气储存和运输的重要性；
2. 了解氢气储氢和运输的主要方式；
3. 了解主要储氢方式的特点。

引导问题

　　氢气和车用燃油有所不同，在正常温度下氢气是气态，分子密度非常低，而且在正常温度下很难液化，无法像车用燃油那样直接加入油箱内，所以氢气需经特殊处理后才能方便储存和运输。那么，如何储存和运输氢气才能更好地应用到燃料电池汽车上呢？

任务工单

任务名称	氢气的储存和运输方式探寻	班级		日期	
小组成员		组号		组长	
实训教室		设备		课时	
任务描述	通过回顾氢气的特性，理解氢气储存与运输的重要性。了解氢气储存和运输的主要方式，理解高压气态储氢的方法，进而了解储氢钢瓶的使用规范。				
学习目标	**一、总目标** 　1. 能够理解氢气储存和运输的重要性； 　2. 能够掌握氢气储存和运输的主要方式； 　3. 熟练掌握高压气态储氢的方法和操作规范，树立安全操作的意识。 **二、专业能力目标** 　1. 能够理解氢气储存和运输的重要性； 　2. 能够了解氢气储存和运输的主要方式； 　3. 能够掌握高压气态储氢的方法和操作规范。 **三、方法能力目标** 　1. 能够借助网络检索有关氢气储存运输方式的知识； 　2. 能够理解高压气态储氢的实施过程； 　3. 能够了解正确应对高压气态储氢事故的方法。				

学习目标	**四、社会能力目标** 　1. 能够组织小型研讨； 　2. 能够和小组成员一起协作分析； 　3. 能够理解安全操作的重要性。
资讯收集	1. 氢气有什么特性？氢气在储存和运输时有哪些注意事项？为什么？ 2. 目前，氢气的储存和运输主要有哪些方法？ 3. 什么是高压气态储氢？操作氢气钢瓶时应有哪些注意事项？
决策与计划	请根据任务要求，制定任务实施计划，确定所需要的检测仪器、工具，并对小组成员进行合理分工。 　1. 需要的检测仪器、工具或设备 _____ _____ 。 　2. 小组成员分工 _____ _____ 。 　3. 实施计划 _____ _____ 。

		根据任务要求填写实施方案或操作步骤。			
实施					
	评价指标		组内自评	组间互评	教师评价
检查与评估	方法能力和社会能力（__%）	劳动态度（__分）			
		工作纪律（__分）			
		安全操作（__分）			
		环境保护（__分）			
		团队协作（__分）			
	专业能力（__%）	任务方案（__分）			
		实施步骤（__分）			
		完成结果（__分）			
		任务工单完成（__分）			
	合计得分				
	本次最终得分（组内自评__% + 组间互评__% + 教师评价__%）				

知识材料

一、为什么氢气储存难度大

氢气储藏难度大，其原因主要有以下三个方面：

（1）在所有元素中氢的重量最轻。在标准状态下，它的密度为 0.089 9 g/L，是水密度的万分之一。在 −252.7 ℃时，可变成液体，密度为 70 g/L，仅为普通水的 1/15。

（2）作为元素周期表上的第一号元素，氢的原子半径非常小，氢气能穿过大部分肉眼看不到的微孔，而且在高温、高压时，氢气甚至能够穿过厚钢板。

（3）氢气非常活泼，稳定性极差，泄漏后易发生自燃和爆炸。氢气的爆炸极限范围较宽，当氢气的体积占混合气总体积比超过 4.0% 而低于 74.2% 时，都可能产生爆炸。

二、常见储氢技术

按存储原理来分，常见的储氢技术可分为物理储氢和化学储氢两大类。

物理储氢一般包括液化储存、高压储存和低温压缩储存等。

化学储氢一般包括金属氢化物储氢、活性炭吸附储存、碳纤维和碳纳米管储存、有机液氢化物储氢、无机物储氢等。

1. 高压气态储氢

高压气态储氢是指在氢气临界温度以上，采用高压压缩的方法储存气态氢，这种储氢方法是现在比较普遍且成熟的技术，其储存方式是通过高压将氢气压缩在一种耐高压的容器内。

采用新型轻量化复合材料的高压容器（耐压 35 MPa 左右）储氢密度可达 2% 以上。新型复合高压氢气瓶的内胎为铝合金材料，并外绕上浸树脂的高强度碳纤维，使得其自重比老式钢瓶减轻许多，如图 3 - 1 - 4 所示。

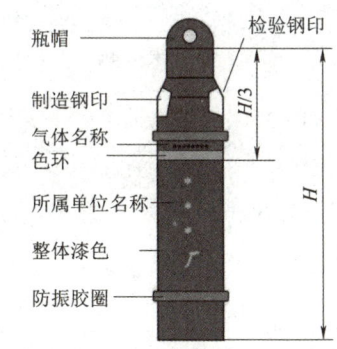

瓶帽　　　　检验钢印
制造钢印
气体名称
色环
所属单位名称
整体漆色
防振胶圈

图 3 - 1 - 4　氢气钢瓶

目前高压储氢主要的压力有 15 MPa、35 MPa、70 MPa 三种，70 MPa 的高压储氢容器储氢密度可达到 3%。

2. 低温液态储氢

液态氢（LH_2），通称液氢，是由氢气经过降温而得到的液体。液化储氢是将氢气压缩后，深冷到 -252.8 ℃ 以下使之液化成液氢，然后存入特制的绝热真空容器中保存。

液态氢的密度大约为 70.8 kg/m³，密度极小，它一般用作火箭发射的燃料，现在也用于其他交通工具的燃料。

3. 固态合金储氢

固态合金储氢的基本原理是在特定的温度和压强下，金属捕捉氢原子，从而得到稳定的金属氢化物。应用时，常采用加热的方式激发金属氢化物，使金属氢化物分解，进而使氢气从中释放出来。

通常将能够吸收和放出氢的各种金属称为储氢合金。常用的储氢合金包括稀土系、钛系、锆系和镁系四大类。

4. 有机液态储氢

有机液态储氢是以有机液体氢化物当作氢载体的储氢技术。该方式是以储存和输送氢为目的，在较小压力和较高的温度下，部分有机物液体可作氢载体。用此方法储运氢气并不需要耐压容器和低温装置，当需要释放气体时，使用催化剂进行脱氢反应，释放出氢气。常用的有机物氢载体主要有苯、甲苯、甲基环己烷、萘，其中苯、甲苯和萘的性能参数值较高。

三、四种储氢技术的分析对比

每一种储氢技术都有各自的优点和缺点，表3-1-1列出了四种储氢技术各自的单位质量储氢密度、优点、缺点以及主要应用情况。

表3-1-1　储氢技术比较

储氢方式	单位质量储氢密度（质量分数）/%	优点	缺点	应用
高压气态	1~3	技术成熟	单位质量储氢密度低	普通钢瓶、轻质高压储氢罐多用于燃料电池
		设备简单	运输成本高	
		成本低	有泄漏和爆炸的安全隐患	
低温液态	>10	储氢密度大	氢液化过程能耗较大	大量、远距离储运。目前主要应用于火箭低温推进剂
			储氢容器要求较高	
		规划后有成本优势	存在热漏损问题	
			受法规影响暂时无法应用于民用	
固态合金	1~18	体积比大、能耗低	技术不成熟	目前还未能大量应用
		可逆循环	充放氢效率低	
		安全性好	金属易粉化	
		氢气纯度高	重金属中毒	
有机液体	5~10	储氢量大	装置费用高	目前还未能大量应用
		运输安全、方便	技术难点多	
		可循环使用	技术操作苛刻	
		能耗低	有毒性	

一、普莱克斯氢液化流程

普莱克斯是北美第二大液氢供应商,目前在美国拥有 5 座液氢生产装置,生产能力最小为 18 t/d,最大为 30 t/d。普莱克斯大型氢液化装置的能耗为 12.5 ~ 15 (kW·h) /kg (液化氢),其液化流程均为改进型的带预冷 Claude 循环,如图 3 – 1 – 5 所示。第一级换热器由低温氮气和一套独立的制冷系统提供冷量;第二级换热器由 LN_2 (液氮) 和从原料氢分流的循环氢经膨胀机膨胀产生冷量;第三级换热器由氢制冷系统提供冷量,循环氢先经过膨胀机膨胀降温,然后通过 J – T 节流膨胀部分被液化,剩余的原料氢气经过二、三级换热器进一步降温后,通过 J – T 节流膨胀而被液化。

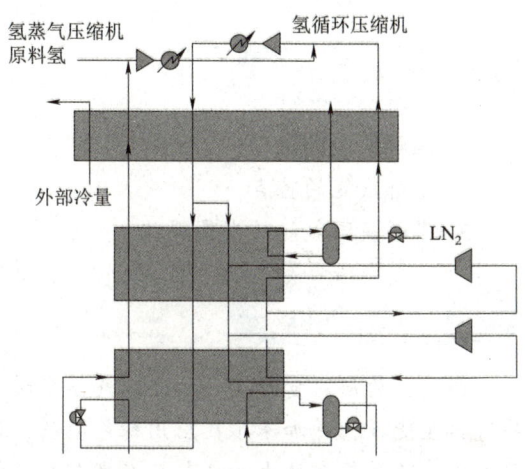

图 3 – 1 – 5 普莱克斯氢液化流程

二、我国风光储氢一体化推动氢储能技术示范

氢储能是解决可再生能源消纳问题的重要途径。2021 年,国家发改委、国家能源局印发《关于加快推动新型储能发展的指导意见》,将氢能纳入“新型储能”范畴,未来以可再生能源为主体的电力系统,不仅需要太阳能、风电等一次能源,也需要氢能作为能源的载体和储能与之配合。

2021 年 9 月,安徽省六安市的兆瓦级氢能综合利用站联调试验顺利完成。该示范项目采用 PEM 水电解制氢技术,可以将过剩的电力转化为氢能储存起来,代替火力发电调峰,同时兼具氢能发电功能。项目设计年制氢 72.3 万 $N·m^3$,氢发电 127.8 万 kW·h,用于电力系统“削峰填谷”,是新型电力系统的重要组成部分。2021 年 11 月,作为全球规模最大的氢气储能发电项目,张家口 200 MW/800 MW·h 氢储能发电工程初步设计通过专家评审,标志着中国大规模氢储能调峰应用迈出实质性一步。

氢储能的经济性取决于充(制氢)放(发电)电价差。以 0.2 元/ (kW·h) 可再生能源发电电价计算,发电侧可再生能源制氢的成本超过 10 元/kg,按照单位千克氢气发电 20 kW·h 和 0.6 元/ (kW·h) 售电价格计算,氢储能收益为 12 元/ (kW·h),仅与制氢成本持平。长期来看,随着可再生能源发电渗透率的提升,电价峰谷差将逐步拉大,火电等可调节电源的陆续退出,氢储能的安全备用、季节性调峰的价值日渐突显,未来氢储能的综合经济性有望大幅提升。

职业能力三 探索氢与燃料电池

项目二　氢能及其应用探索

任务一　认识氢能

学习目标

1. 理解氢能的概念；
2. 了解氢能的特点；
3. 了解我国氢能的发展现状。

引导问题

当前，为应对资源匮乏和全球气候变暖等情况，世界各国都积极推动能源变革，大力发展可再生能源，并加速推广应用绿色燃料，这一系列举措已成为促进全球经济增长策略的重要共识。随着氢能技术的成熟，在当前社会能利用的新能源中，氢能源也渐渐成了人们重点关注的对象。那么，氢能具有哪些特点？它又是如何成为 21 世纪能源革命的焦点的？

任务工单

任务名称	认识氢能	班级		日期	
小组成员		组号		组长	
实训教室		设备		课时	
任务描述	通过了解氢能的特点理解氢能的概念，并由氢能的特点理解当前各国为什么要发展氢能产业。				
学习目标	**一、总目标** 1. 理解氢能的概念； 2. 熟知氢能的特点； 3. 了解我国氢能发展现状； 4. 理解发展氢能的必要性，树立推广绿色清洁能源的理念。 **二、专业能力目标** 1. 能够理解氢能的概念； 2. 能够了解氢能的特点。 **三、方法能力目标** 1. 能够借助网络检索有关氢能的内容； 2. 能够通过氢能的特点分析发展氢能的必要性； 3. 能够根据书籍、报纸、企业走访调研，了解我国氢能行业发展情况。				

学习目标	**四、社会能力目标** 1. 能够组织小型研讨； 2. 能够和小组成员一起协作分析； 3. 能够树立推广绿色清洁能源的理念。
资讯收集	1. 什么是氢能？氢能有哪些特点？为什么氢能是绿色能源？ 2. 氢能有哪些应用场景？ 3. 目前我国为什么要发展氢能？发展现状如何？
决策与计划	请根据任务要求，制定任务实施计划，确定所需要的检测仪器、工具，并对小组成员进行合理分工。 1. 需要的检测仪器、工具或设备 ＿＿＿＿＿＿＿＿＿＿＿＿＿＿＿＿＿＿＿＿＿＿＿＿＿。 2. 小组成员分工 ＿＿＿＿＿＿＿＿＿＿＿＿＿＿＿＿＿＿＿＿＿＿＿＿＿。 3. 实施计划 ＿＿＿＿＿＿＿＿＿＿＿＿＿＿＿＿＿＿＿＿＿＿＿＿＿ ＿＿＿＿＿＿＿＿＿＿＿＿＿＿＿＿＿＿＿＿＿＿＿＿＿。

职业能力三　探索氢与燃料电池

实施	根据任务要求填写实施方案或操作步骤。			

检查与评估	评价指标		组内自评	组间互评	教师评价
	方法能力和社会能力（__%）	劳动态度（__分）			
		工作纪律（__分）			
		安全操作（__分）			
		环境保护（__分）			
		团队协作（__分）			
	专业能力（__%）	任务方案（__分）			
		实施步骤（__分）			
		完成结果（__分）			
		任务工单完成（__分）			
	合计得分				
	本次最终得分（组内自评__% + 组间互评__% + 教师评价__%）				

📚 **知识材料**

一、氢能的定义

氢能是氢在物理与化学反应过程中释放的能量，是一种化学能，也是一种二次能源。二次氢能能源又可分为"过程性能源"和"含能体能源"。电能就是目前使用最广的"过程性能源"；柴油、汽油则是用途最广泛的"含能体能源"。但是，随着化石燃料消耗量的日益增加，其储量日益减少，终有一天这些资源将被消耗完，因此寻找一种不依赖化石燃料且储量丰富的新型"含能体能源"成了我们迫在眉睫的任务。氢能源的问世，使其成为人类对新的二次能源中最为渴望的一类。

二、氢能的特点

1. 清洁、环保、高效、来源丰富的二次能源

氢作为一种特别的二次能源，具有可利用多种方式制备、对资源环境制约小等优点。通过燃料电池，氢气能经过电化学反应直接转化成电能和水，不释放污染物。相比汽油、柴油、天然气等传统化石燃料，其转化效率不受卡诺循环约束，发电效率超过50%，是零环境污染的高效能源。

2. 理想的能源互联媒介

水电、热能、固体燃料等各种能源品种之间的转化主要是靠氢来实现的，作为它们之间转换的媒介，是在可预测的未来进行跨能源网络协同优化的一种途径。当前能源体系大多由供电系统、热力管网、天然气管网等组成，而通过燃料电池技术，氢能即可在不同能源系统中实现转化，既能够同时将可再生能源与化石燃料转化成电力和热力，又可利用逆反应产生氢燃料替代化石燃料或进行能源存储，以此达到各种能源系统间的协调优化。

3. 可以大规模应用并且可以储备

随着可再生能源在人们生活和生产中日益广泛的使用，不同季度以及不同年度的高峰需求量也在持续性增加。在未来能源系统中，储能的重要意义将日益显现出来。但是由于电化学储能和储热困难，以及目前的技术限制，只能实现短周期、小容量的储能需求。氢能不仅有助于实现电能或热能的长周期、大规模存储，还可以作为解决弃风、弃光、弃水问题的主要途径，并且经济实用。

4. 应用场景广泛

氢能使用场景广阔，可以支持工业生产、建筑、交通运输等主要终端应用实现低碳化。燃料电池汽车应用于交通运输领域也是其中最重要的一部分，可以作为储能材料支持大量可再生能源的集成生产与发电，广泛应用于通过分布式发电或热电联产技术向建筑领域供应电能和热能及向工业生产区域直接供应洁净的能量和原料等。

拓展学习

一、我国氢能的发展

2022年来，各省市加快推进氢能项目的落地，全国20多个省份已发布氢能规划和指导意见共计200余份，目前在建和筹建的风光制氢项目超过了40个。

目前，在我国石油、钢铁等制造业方面，氢能正在稳步开展应用。除此之外，氢能还在交通、能源、建筑等其他领域稳步推进试点应用。在交通运输领域，我国现阶段主要以公交车和重卡居多，目前真正运行的以氢电池为发动机的车辆数量超过6 000辆，约占全球运营总量的12%，已经形成了世界最大的氢电池商用车制造与使用群市场。

二、我国"氢进万家"工程探索社区氢能应用新模式

"氢进万家"是根据国家"十四五"重点研发计划安排，在国家科技部"氢能技术"重点专项中明确实施的科技示范工程，主要为带动氢能供应体系建设及氢能关联产业发展打下基础。

2021年4月，全国首个氢能大规模推广应用示范项目"氢进万家"落户山东，示范工程选取济南、青岛、潍坊、淄博四市共同组织开展示范，实施周期为5年（2021—2025），重点围绕"一条氢能高速、二个氢能港口、三个科普基地、四个氢能园区、五个氢能社区"的建设目标，通过纯氢管道输送的方式，开展将氢能应用于工业园区、社区楼宇和交通移动及港口、高速等多场景，打造全国首条氢能高速走廊、全国首个万台套氢能综合供能装置示范基地。

2021年11月，"氢进万家"智慧能源示范社区项目在佛山南海丹灶正式投运。示范项目以打造未来"氢能社会"解决方案为目标，汇聚了中、日、韩最先进的技术装备，将有力推动智慧能源社区国家标准和建设规范的制定与实施。该项目专注燃料电池分布式热电联产装备产业化项目，包括家用和商用燃料电池分布式热电联产装备。社区一期工程将依托现有城市气网开展混氢天然气示范，社区5、6、7号楼将安装394套家用燃料电池热电联供设备，社区8号楼将安装4套（440 kW/套）商业燃料电池冷热电联供设备，总装机容量约近2 MW，项目采用固体氧化物和磷酸燃料电池技术路线，投资19.1亿元，投产后将减少能源费45%、碳排放50%。二期项目将不再使用城市的燃气和电网，而改用光伏制氢，小区住户不再缴纳电费和燃气费，推动实现深度脱碳。未来光伏制氢还可以为小区加氢站和社区商业提供能源，实现整个社区的零碳排放。

佛山氢能进万家示意图如图3-2-1所示。

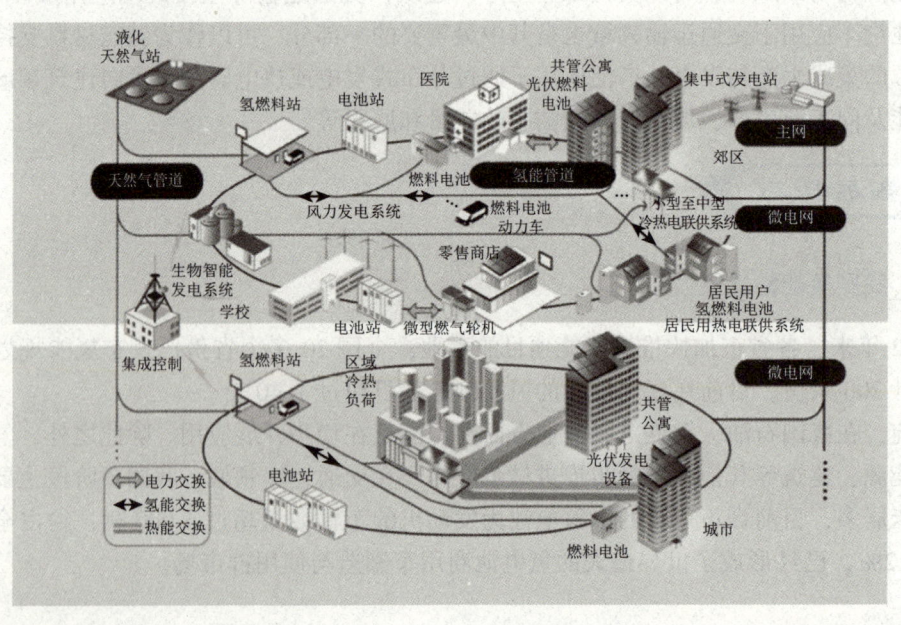

图3-2-1 佛山氢能进万家示意图

任务二 氢能应用探索

✓ 学习目标

1. 理解氢能的应用与战略地位；
2. 了解氢能在可再生能源领域的应用；
3. 了解氢能在化石燃料领域的应用；
4. 掌握氢能在燃料电池领域的应用。

引导问题

目前，长三角、粤港澳大湾区、环渤海三大区域氢能产业呈现集群化发展态势。在氢能的生产技术领域、电解水制氢设备领域、储运设施及燃料电池领域，我国已掌握了一批前沿技术，高端设备也在逐渐推向国际市场。那么，这些零排放的高效能源只有在燃料电池汽车上使用吗？除了氢燃料电池汽车，氢能还可以应用在哪些领域呢？

任务工单

任务名称	氢能应用探索	班级		日期	
小组成员		组号		组长	
实训教室		设备		课时	
任务描述	通过回顾氢能的特点，了解氢能在各领域内的应用，分析氢能的战略地位，进而理解当前我国迫切发展氢能、开展生态文明建设的意义。				
学习目标	一、总目标 能够了解氢能的应用领域，并分析氢能的战略地位，由此理解我国迫切发展氢能、开展生态文明建设的意义。 二、专业能力目标 1. 能够了解以氢为载体的可再生能源的应用； 2. 能够了解氢能在化石能源清洁中的应用； 3. 能够掌握氢能在燃料电池中的应用。 三、方法能力目标 1. 能够借助网络检索有关氢能应用的内容； 2. 能够通过比较法分析氢能的应用优势； 3. 能够根据氢能的特点分析氢能的应用。				

职业能力三 探索氢与燃料电池

学习目标	四、社会能力目标 　1. 能够组织小型研讨； 　2. 能够和小组成员一起协作分析； 　3. 能够理解我国迫切发展氢能、建设生态文明的意义。
资讯收集	1. 什么是可再生能源？氢在可再生能源中有哪些应用？ 2. 氢能在化石燃料中应用可以对建设生态文明起到什么样的效果？ 3. 氢能在燃料电池中有怎样的应用？
决策与计划	请根据任务要求，制定任务实施计划，确定所需要的检测仪器、工具，并对小组成员进行合理分工。 　1. 需要的检测仪器、工具 　　　　　　　　　　　　　　　　　　　　　　　　　　　　　　。 　2. 小组成员分工 　　　　　　　　　　　　　　　　　　　　　　　　　　　　　　。 　3. 实施计划 　　　　　　　　　　　　　　　　　　　　　　　　　　　　　　。

实施	根据任务要求填写实施方案或操作步骤。			

检查与评估	评价指标		组内自评	组间互评	教师评价
	方法能力和社会能力（__%）	劳动态度（__分）			
		工作纪律（__分）			
		安全操作（__分）			
		环境保护（__分）			
		团队协作（__分）			
	专业能力（__%）	任务方案（__分）			
		实施步骤（__分）			
		完成结果（__分）			
		任务工单完成（__分）			
	合计得分				
	本次最终得分（组内自评__% + 组间互评__% + 教师评价__%）				

📖 **知识材料**

一、氢能的战略定位

氢能是一种理想的清洁能源，不管是直接燃烧还是在燃料电池中的电化学转换，其产物都只有水，而且利用效率非常高。以燃料电池为核心的新兴产业发展将使氢能的清洁利用得到最大实现。作为国家发展战略，氢燃料电池汽车、分布式发电、氢燃料电池叉车和应急电源产业化已经在部分国家初现端倪。进入 21 世纪以来，发达国家都将氢能作为燃料结构中的主要部分，将发展氢能作为国家战略。

氢能也是一种比较完美的能量载体。利用弃风、弃光而发的热电来电解水制氢技术，可以大量消纳风、电和太阳光等，制得的氢气不仅可成为清洁资源进行再利用，也可添加在燃气中或经天然气管线输运后再使用。这种方式也已经成为一些国家能源战略的组成部分。

氢气也是化石燃油清洁使用的最主要原材料，氢对成熟期的化石能源洁净利用技术也至关重要，并且需求量大，如煤炭洁净使用过程中的煤制气加氢气化、炼油化工流程中的催化重整、煤制油技术直接液化等工艺，氢能均具有促进作用。

二、以氢为载体的可再生能源应用

1. 我国可再生能源发展

可再生能源包括水能、风能、太阳能、生物质能、地热能和海洋能。考虑到资源条件、技术成熟度、经济性及建设周期等因素，风电、光伏发电将挑起"十四五"可再生能源发电增量的大梁。2022 年 6 月 1 日，由国家发改委、国家能源局、财政部等九部门联合印发的《"十四五"可再生能源发展规划》指出，我国可再生能源发展将呈现发展规模大、增长比重高、市场化发展快等特征。同时，"十四五"时期，可再生能源发展也面临"既大规模开发，也高水平消纳，更保障电力稳定可靠供应"等多重挑战，必须加大力度解决高比例消纳、核心技术及产业链、供应链安全可靠等关键问题。

2. 可再生能源制得氢气掺入天然气的利用

把从可再生能源制得的氢气添加到天然气中，形成掺氢天然气（HCNG），再通过现有天然气管网输送的方式具有比较高的可行性。这种方式在国际上得到了广泛的关注，被认为是目前大规模输氢的最安全、经济的选择。而且研究表明，只要将氢气的掺入体积分数控制在 17% 以下，基本就不会对燃气管网产生负面影响。

三、氢能在化石能源清洁中的应用

1. 油品质量升级

炼油企业工业中提高轻油产量和质量需要的主要资源是氢气，催化重整和加氢精制等工艺都是炼油工艺中最主要的氢气利用环节。

2. 煤制清洁能源

煤制天然气、煤制油是煤炭清洁利用的重要途径。其中，煤制气的加氢气化工艺和煤制油直接液化工艺中需要通入大量的氢气。在目前情况下，油品质量改进和煤制清洁能源技术基本成熟，并充分考虑到其流程对大量氢气的需求，使得氢气作为化工原料在该行业中使用成为目前情况下推进氢能规模化利用的最好途径。

在能源和化工领域中，氢能应用是推动氢能全面开发的重要途径，重点包括清洁能源、能源载体以及化工原料三个领域的运用。首先，氢作为清洁能源的利用是当今世界上发展最快、环境效益最好的氢能利用途径，也是目前促进氢能迅速发展的重要基础；其次，氢作为能源载体用来消纳可再生能源的利用已在世界各地开始普及，促进可再生能源与氢能的协同发展，前景广阔；最后，氢气作为化石能源清洁利用的主要原材料，需求量很大，是现有条件下促进氢能大规模化使用的关键。

四、氢能在燃料电池中的应用

1. 燃料电池汽车

21 世纪以来，在全球范围内燃料电池技术获得了巨大的发展。在我国，国家能源局已于 2014 年 4 月印发了豁免部分发电项目电力业务许可证的文件，为包括分布式发电等在内的分布式能源、清洁能源发展提供了较为宽松的政策环境，将有效促进中国国内燃料电池分布式发电的推广。与传统汽车相比，燃料电池汽车具有以下优点：

（1）零排放或近似零排放；

（2）降低了机油泄漏引起的污染；

（3）降低了温室气体的排放；

（4）提高了燃油经济性；

（5）提高了发动机燃烧效率；

（6）运行平稳、无噪声。

2. 应急电源

信息技术、机关、银行、医疗等重要企业或组织，要在突发电力供应短缺甚至停顿的情形下仍能确保其继续正常工作，就要求企业必须配备强有力的紧急供电系统。通常将紧急供电系统分为铅酸蓄电池组和转移油机。不过，铅酸蓄电池组件笨重、备电持续时间有限，而且不稳定，易产生污染，对环境温度的要求比较苛刻；而转移油机后勤保障条件很繁杂，易产生尾气污染和噪声污染等。相比之下，氢燃料电池因其所具备的能量效率较高、对环境友好、占地面积较小、质量轻、工作平稳安全、使用寿命长（铅酸蓄电池的 2 ~ 10 倍）等优点，已开始获得更多国际备用电源市场的认可。

拓展学习

一、绿氢

通过水电、风电、光电、核电等可再生能源制取、零碳排放的氢被称作绿氢，通过煤炭等化石能源制取的氢称为灰氢，通过氯碱、焦化等工业富产氢来产生的氢称为蓝氢。发展氢能正是为了达到能源的"去碳化"，而唯有使用无碳能源生产的"绿色的氢"方可达到这一总体目标，中央电视台为此也专门对相关企业进行过访谈。

绿氢的制取成本比蓝氢、灰氢的制取成本要高很多。国际能源署对这三种能源的制取成本进行了研究，统计出其相应的市场价格。目前，灰氢售价约合人民币 11.9 元/kg；蓝氢的价格稍高于灰氢，约合人民币 16 元/kg；而绿氢的价格最贵，合人民币 27.78 ~ 39.68 元/kg。因而灰氢在市场定价上有较明显的优势，但并不能成为新能源发展的方向。

二、氢原子能——核聚变

1. 能量巨大、来源丰富

核聚变反应释放出的能量比核裂变反应更加巨大。核聚变反应所用的轻核材料氘在海水中大量存在，从 1 m³ 海水中可获得的能量等于从 10 t 煤中得到的能量。通过热核聚变反应堆的使用，能够将从海水中获取的蕴藏量极其丰富的氘作为燃料，把地球上浩瀚的海洋变为人类取之不尽的能源宝库。

核电站实景图如图 3 - 2 - 2 所示。

图 3 - 2 - 2　核电站

2. 清洁、对环境无污染

核聚变反应不形成放射性核废物，也不形成烟雾、酸雨和温室效应，这对于保护生态环境十分有益。

3. 安全可靠

在核聚变反应过程中，任何组件出现故障，核聚变反应就会自行终止。因为现有的核裂变技术所涉及的发生严重核事故的可能性很大，相对于核裂变来说，核聚变反应不存在这种风险。

4. 经济廉价

核聚变能发电燃料消耗低，能源效率高。温室核聚变不需要大规模建设和复杂技术，核聚变能的开发利用不需要花费巨额资金。

项目三　燃料电池认知

任务一　燃料电池类型认知

学习目标

1. 掌握燃料电池的定义；
2. 了解燃料电池汽车的分类；
3. 理解各类燃料电池的原理。

引导问题

相对于纯电动汽车和混合动力车型，燃料电池汽车在续航里程方面具有较大的优势。对于一些需要经常远行的人，燃料电池汽车是最合适的方案。燃料电池汽车动力足、燃料加注时间短，这也是其得天独厚的优势。随着燃油价格的上涨，人们对于燃料电池汽车出行的需求越来越强。燃料电池作为燃料电池汽车的核心，是我国大力发展燃料电池汽车、实现"双碳"战略必先攻克的难题。那么燃料电池汽车所使用的燃料电池，它的原理是怎样的呢？除了氢燃料电池以外，还有其他哪些类型的燃料电池呢？

任务工单

任务名称	燃料电池类型认知	班级		日期	
小组成员		组号		组长	
实训教室		设备		课时	
任务描述	通过燃料电池的定义来理解不同类型的燃料电池，了解各类燃料电池的原理和应用，坚定实现"双碳"战略的决心。				
学习目标	一、总目标 　1. 掌握燃料电池的定义； 　2. 能够识别燃料电池的主要类型。 二、专业能力目标 　1. 能够准确说明燃料电池的定义； 　2. 能够从不同角度对燃料电池进行分类； 　3. 能够识别质子交换膜燃料电池、熔融碳酸盐燃料电池、固体氧化物燃料电池、磷酸燃料电池和碱性燃料电池。				

学习目标	**三、方法能力目标** 　1. 能够借助网络检索有关燃料电池类别的内容； 　2. 能够通过工作原理和工作温度，对燃料电池进行分类和归纳； 　3. 能够通过比较法识别不同类型的燃料电池。 **四、社会能力目标** 　1. 能够组织小型研讨； 　2. 能够较清晰地表达燃料电池的类型； 　3. 能够和小组成员一起协作分析； 　4. 能够坚定实现"双碳"战略的决心。
资讯收集	1. 什么是燃料电池？燃料能源和传统能源有什么区别？ 　2. 燃料电池的分类标准有哪些？请从不同的角度进行阐述。 　3. 燃料电池的主要类型有哪些？
决策与计划	**请根据任务要求，制定任务实施计划，确定所需要的检测仪器、工具，并对小组成员进行合理分工。** 　1. 需要的检测仪器、工具或设备 　2. 小组成员分工 　3. 实施计划

	根据任务要求填写实施方案或操作步骤。			
实施				

	评价指标		组内自评	组间互评	教师评价
检查与评估	方法能力和社会能力（__%）	劳动态度（__分）			
		工作纪律（__分）			
		安全操作（__分）			
		环境保护（__分）			
		团队协作（__分）			
	专业能力（__%）	任务方案（__分）			
		实施步骤（__分）			
		完成结果（__分）			
		任务工单完成（__分）			
	合计得分				
	本次最终得分（组内自评__% ＋组间互评__% ＋教师评价__%）				

📖 **知识材料**

一、燃料电池的定义

燃料电池（Fuel Cell）是可以以电化学反应方式将燃料（如氢气、天然气等）和氧化剂中的化学能直接转化为电能的高效发电装置，是继水电、太阳能热电和核电之后的第四种发电技术。燃料电池不仅可以连续发电，而且产物主要为水，基本上不排放有害废气。

燃料电池技术同当前在发电厂和乘用车中广泛应用的以燃烧系统为基础的技术相比较，具有很大的优越性，仅在能源转换率方面都已经远远超过了其他能源，常规的火力发电站，其燃烧能量有 60% ~70% 要耗费在锅炉和汽轮发电机这种巨大的机械设备上，在电力运输过程中也会存在 5% 左右的传输损耗，传统火力发电效率仅仅只有 30% 左右，如图 3 – 3 – 1 所示。而使用氢燃料电池发电，把燃料电池的化学性能直接转变为电能，因为其没有常规热

职业能力三

探索氢与燃料电池

机卡诺循环的局限，也不需要进行燃烧，故有着远高于内燃机30%～35%的能源转换效率，能量转换率可超过60%（见图3-3-2）；而且因为燃料电池发电技术具有分布式的特性，也能使地区摆脱中央发电站式的电力输配架构，减少了电力在传输过程中的损耗；拥有对空气污染少、无机械振动、噪声少、可满足各种功率需求、可连续性水力发电、可靠性高等优势性能，在交通、储能、航天、军事等领域都有着广阔的应用发展前景，如图3-3-3所示。随着现代科技的进步，数字化技术将会不断深入，无人驾驶、互联网数据中心、军装设备等领域将极大地扩展燃料电池的应用场景。

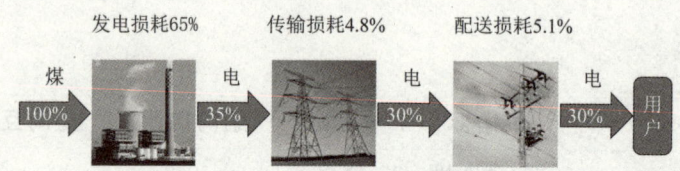

图3-3-1 传统火力发电总能源转换效率只有约30%

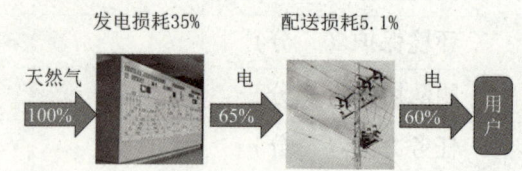

图3-3-2 部分燃料电池总能源转换效率可达60%

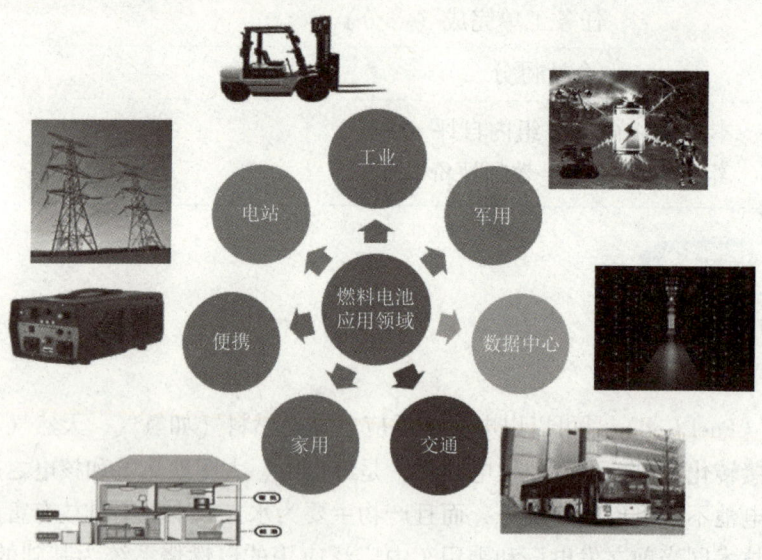

图3-3-3 燃料电池应用领域

二、燃料电池的类型

燃料电池可按照其工作温度、所用燃料的来源和电解质类型进行分类。

按照工作温度，燃料电池可分为高温型燃料电池、中温型燃料电池和低温型燃料电池三种。

按燃料来源，燃料电池可分为直接式燃料电池（如直接甲醇燃料电池）、间接式燃料电池（如甲醇经过重整器产生氢气，而后以氢气为燃料电池的能源）和可再生式燃料电池三种。

燃料电池还可以按照电解质的不同来划分。按照电解质性质的不同，燃料电池可分为质子交换膜燃料电池（PEMFC）、熔融碳酸盐燃料电池（MCFC）、固体氧化物燃料电池（SOFC）、磷酸燃料电池（PAFC）和碱性燃料电池（AFC）等。

1. 质子交换膜燃料电池（PEMFC）

质子交换膜（PEM）燃料电池是目前开发最好的燃料电池，包含氢氧燃料电池、直接醇类燃料电池以及天然气、醇类等重整燃料电池等。虽然其发展的时期相对较短，但最有希望在现代交通运输领域中运用。它的基本结构就像一种固体聚合物膜，膜的材料通常为全氟磺酸类聚合物，并使用 Pt 或者 Pt – Ru 合金作为催化剂。全固态结构使得该电池结构更加紧凑，适合组成电堆，并拥有大功率密度、高能量转换效率、低温起动、无污染等优点。

2. 熔融碳酸盐燃料电池（MCFC）

熔融碳酸盐燃料电池（Molten Carbonate Fuel Cell，MCFC）于 1980 年研发成功。其电解质是一种熔融碱金属碳酸盐混合物，位于偏铝酸锂（$LiAlO_2$）陶瓷基膜中。这种电池普遍是高温型，可采用廉价的金属镍代替价高的铂金作为催化剂。熔融碳酸盐燃料电池是由多孔陶瓷阴极、多孔陶瓷电解质隔膜、多孔金属阳极和金属极板构成的燃料电池。

3. 固体氧化物燃料电池（SOFC）

固体氧化物燃料电池（Solid Oxide Fuel Cell，SOFC）电解质为金属锆的氧化物，使用电解质层传递在正电极上形成的氧离子，反应通常在固态下的电解质中进行，反应温度为 $600 \sim 1\,000 \, ℃$。在所有的燃料电池中，SOFC 的工作温度阈值最大，属于高温燃料电池。

4. 磷酸燃料电池（PAFC）

磷酸燃料电池（PAFC）于 1967 年研制成功，是一种采用浓磷酸作为电解质，贵金属作为催化剂，催化气体扩散电极为阴、阳电极的中温型燃料电池。它一般使用多孔碳负载铂的催化剂作电极，能在 $150 \sim 220 \, ℃$ 的温度区间工作，具备电解质稳定、磷酸可浓缩、水蒸气压低和阳极催化剂不易发生 CO 毒化等特点。

5. 碱性燃料电池（AFC）

碱性燃料电池（AFC）以碳为电极，以氢氧化钾为电解质。目前所有燃料电池中，其电能转换效率最高，可达 70%，是最早进入实用阶段的燃料电池之一，也是第一批用于车辆的燃料电池。

一、甲烷燃料电池

甲烷（CH_4）燃料电池的燃料为沼气（主要成分为 CH_4）。图 3-3-4 所示为美国科学家设计的以甲烷等碳氢化合物为燃料的新型电池。该燃料电池使用气体燃料和氧气直接反应产生电能，效率高、污染小，成本远低于以氢为燃料的传统燃料电池，是一种很有前景的能源利用方式。

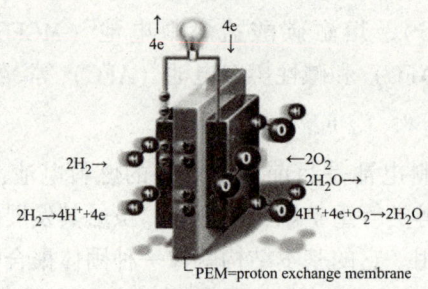

图 3-3-4 甲烷燃料电池原理图

二、微生物燃料电池

微生物燃料电池（Microbial Fuel Cells，MFCs）是一项新型的高效率生物质能开发利用方式，能有效通过细菌分解生物质形成生物电能，具备无污染、能量转化效率高、适用性广的特点。

图 3-3-5 所示为典型的双室结构 MFCs 工作原理示意图，系统主要由阳极、阴极、质子交换膜组成。阳极室中的产电菌催化氧化有机物，使之直接生成质子、电子和代谢产物，氧化过程中产生的电子则经过载体传递到电极表面。根据细菌的生物性质，电子传送的载体可以为外源、与呼吸链有关的 NADH 和色素分子以及微生物代谢的还原性物质。阳极产生的 H^+ 透过质子交换膜扩散到阴极，而阳极产生的电子经外电路流到电池的阴极。电子在流过外电阻时会输出电能。电子在阴极催化剂的影响下，与阴极室中的电子接受体紧密结合，从而进行还原反应。

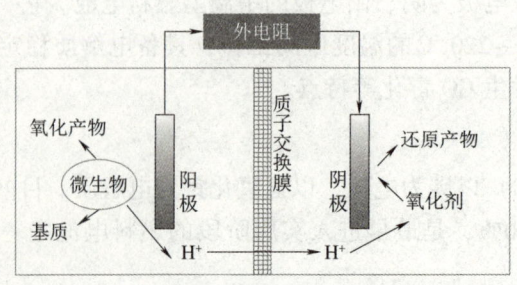

图 3-3-5 微生物燃料电池工作原理示意图

任务二　燃料电池系统结构识别

学习目标

1. 了解燃料电池的组成；
2. 理解质子交换膜燃料电池的结构；
3. 了解其他燃料电池的结构。

引导问题

自 1839 年第一个燃料电池问世以来，燃料电池经过了近两百年的发展，如今依然迸发着生生不息的活力。燃料电池的发展关系到我国能源发展战略、生态文明建设以及战略性新兴产业布局，国家政策陆续出台，燃料电池产业迎来了最佳的发展时期，我国燃料电池将逐步驶入快车道。那么，到底是怎样的结构让燃料电池能够百年辉煌不减，不断支撑国家战略发展呢？

任务工单

任务名称	燃料电池系统结构识别	班级		日期	
小组成员		组号		组长	
实训教室		设备		课时	
任务描述					

任务描述	理解质子交换膜燃料电池的结构，了解熔融碳酸盐燃料电池、固体氧化物燃料电池、磷酸燃料电池和碱性燃料电池的结构，理解和感悟我国科学家"艰苦奋斗，勇攀高峰"的科研精神。
学习目标	**一、总目标** 　1. 能够理解质子交换膜燃料电池的结构； 　2. 了解熔融碳酸盐燃料电池、固体氧化物燃料电池、磷酸燃料电池和碱性燃料电池的结构。 **二、专业能力目标** 　1. 能够说明质子交换膜燃料电池的结构； 　2. 能够识别熔融碳酸盐燃料电池、固体氧化物燃料电池、磷酸燃料电池和碱性燃料电池的结构。 **三、方法能力目标** 　1. 能够借助网络检索有关燃料电池系统结构的内容； 　2. 能够通过燃料电池的一般结构特点，识别各类燃料电池的结构。 **四、社会能力目标** 　1. 能够组织小型研讨； 　2. 能够和小组成员一起协作分析； 　3. 能够学习和感悟我国科学家"艰苦奋斗，勇攀高峰"的科研精神。

资讯收集	1. 质子交换膜燃料电池的主要部件有哪些？ 2. 熔融碳酸盐燃料电池、固体氧化物燃料电池的主要结构是什么？ 3. 磷酸燃料电池和碱性燃料电池的主要结构是什么？
决策与计划	**请根据任务要求，制定任务实施计划，确定所需要的检测仪器、工具，并对小组成员进行合理分工。** 1. 需要的检测仪器、工具 _____ _____。 2. 小组成员分工 _____ _____。 3. 实施计划 _____ _____。
实施	**根据任务要求填写实施方案或操作步骤。**

检查与评估	评价指标		组内自评	组间互评	教师评价
	方法能力和社会能力（__%）	劳动态度（__分）			
		工作纪律（__分）			
		安全操作（__分）			
		环境保护（__分）			
		团队协作（__分）			
	专业能力（__%）	任务方案（__分）			
		实施步骤（__分）			
		完成结果（__分）			
		任务工单完成（__分）			
	合计得分				
	本次最终得分（组内自评__% + 组间互评__% + 教师评价__%）				

📖 **知识材料**

一、质子交换膜燃料电池的结构

1. 质子交换膜

质子交换膜燃料电池的核心元件是质子交换膜（PEM），这是一种厚度仅为几十微米的薄膜片，其微观构造非常复杂。它是一种选择透过性膜，仅为质子（H^+）传输提供通道。它与普通化学电源中采用的隔膜有很大差别，其不只是一种分隔阴极和阳极反应气体的薄膜材料，更是电解质和电极活性物质（电催化剂）的基底材料，兼具隔膜和电解质的功能。膜的性能越好，电池的性能越好且使用寿命越长。此外，质子交换膜在一定的温度和湿度条件下具有可选择的透过性。在质子交换膜的高分子结构中，含有多种离子基团，它只容许氢离子（氢质子）通过，而隔绝氢分子及其他离子。质子交换膜主要分为全氟磺酸膜、非全氟化质子交换膜、无氟化质子交换膜和复合膜几大类。

常见的全氟磺酸膜具有良好的性能，但由于膜的结构、工艺和生产批量等问题，成本非常高，需要寻找高性能、低成本的替代膜。因此，研发人员在提高燃料电池性能的同时，为了增加耐久性，又研究了一系列增强复合膜。复合膜是由均质膜改性而来的，利用均质膜的树脂与有机或无机物材料复合，可以有效提高膜的机械性能，化学性能稳定，并具有增湿功能。

2. 电催化剂

电催化剂（Catalyst）是燃料电池的关键材料之一，作用是降低反应的活化能，加快氢、氧在电极上的氧化还原速率。目前，燃料电池中的催化剂主要分为三类，如图 3 - 3 - 6 所

示。常用的商用催化剂 Pt/C 是由 Pt 的纳米颗粒分散到碳粉（如 XC – 72）载体上的担载型催化剂。Pt 催化剂价格较高，稳定性不足，由燃料电池衰减机理可知，燃料电池在车辆运行和使用过程中催化剂会逐渐衰减，如在动电位作用下会发生 Pt 纳米颗粒的团聚、迁移、流失，在开路、怠速及启停阶段形成的氢空界面会引起高电位，导致催化剂碳载体腐蚀，从而造成催化剂耗减。

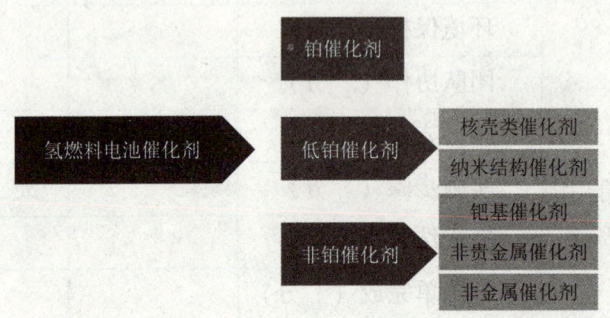

图 3 – 3 – 6　催化剂的分类

3. 气体扩散层（GDL）

在质子交换膜燃料电池中，气体扩散层（Gas Diffusion Layer，GDL，见图 3 – 3 – 7）位于流场和催化层的中间，它可以支撑催化层，稳定电极结构，并传递质/热/电，是传输气体从入口通道到达催化层和膜的界面反应区域。同时，GDL 还必须能够传输电子或者形成活性区域，并且可以传输电子到连接着外部电路的双极板上，或是从双极板上得到电子。良好的机械刚度、合适的多孔结构、优秀的导电性、高稳定性是 GDL 必须具备的性能。

催化层
扩散层

图 3 – 3 – 7　电极结构示意图

4. 膜电极组件（MEA）

膜电极组件（Membrane Electrode Assembly，MEA）是集膜、催化层、扩散层于一体的集成件，是燃料电池的核心部件之一。其中间是膜，两侧分别为阴极、阳极上的催化层和扩散层，一般利用热压方法将它们粘结成一个整体。它的性能不仅与组成的材料性质有关，还与组分、结构、界面等因素相关。

5. 双极板（BP）

双极板（Bipolar Plate，BP）是电堆的多功能元件，其功能是传递电子、分配反应气并带走产出的水，也就是利用表面的流场给膜电极输送反应气体，收集和传递电流（多个单电池通过双极板串联）并排出反应产生的热量和水。

燃料电池常采用的双极板材料如图 3 – 3 – 8 所示，主要有石墨双极板、复合双极板、金属双极板三大类。石墨双极板耐腐蚀性强，导电、导热性好，但气密性较差，厚度大且加工周期长，成本较高。金属双极板功率高、成本低，更适用于限制性的乘用车空间，具有更好的应用前景。复合双极板虽然更适合批量生产，但由于研发程度较低，故并没有投入到大规模批量生产中。

图 3 – 3 – 8　燃料电池常采用的双极板材料

拓展学习

一、熔融碳酸盐燃料电池（MCFC）结构

熔融碳酸盐燃料电池（Molten Carbonate Fuel Cell，MCFC）由多孔陶瓷阴极、多孔陶瓷电解质隔膜、多孔金属阳极、金属极板构成，其电解质是熔融态碳酸盐，通常是锂和钾，或锂和钠金属碳酸盐的二元混合物，如锂钾碳酸盐或锂钠碳酸盐。当温度加热到 650 ℃ 以上时，该电解质盐就会熔化，产生碳酸根离子，从阴极流向阳极，与氢结合生成水、二氧化碳和电子，电子通过外电路返回到阴极，从而发电。

二、磷酸燃料电池（PAFC）

PAFC 的电池片由燃料极、电解质层和空气极构成。燃料极和空气极都是由基材及肋条板催化剂层所组成的，是两块涂有催化剂的多孔碳素板电极。电解质层是用来保持磷酸的，它是经浓磷酸浸泡的碳化硅系电解质保持板。

磷酸燃料电池单体电池结构如图 3 – 3 – 9 所示。

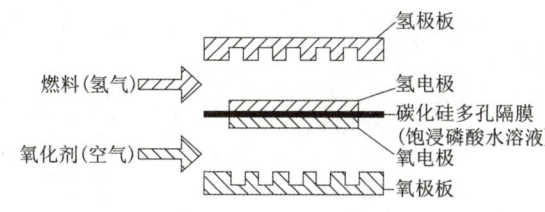

图 3 – 3 – 9　磷酸燃料电池单体电池结构

为减少反应时内部的热量，可以将数枚单电池片加以重叠，在每枚电池片中覆盖冷却板，形成输出功率稳定的基本电池堆，再加上固定构件、供气用的集合管等，就形成了 PAFC 的电池堆。电池堆的结构示意如图 3 – 3 – 10 所示。

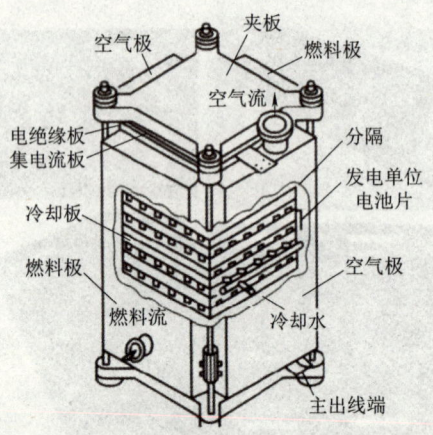

图 3 - 3 - 10　电池堆的结构示意图

任务三　分析燃料电池的特点

学习目标

1. 理解质子交换膜燃料电池的特点；
2. 了解其他燃料电池的特点。

引导问题

　　燃料电池被称为是继水力、火力、核能之后第四大发电设备和取代内燃机的新动力装置。能源界普遍认为，燃料电池是 21 世纪最有吸引力的发电技术之一。当前，各国在缺少电网系统备用容量、调峰能力低、供电建设滞后和传统的发电方式污染严重的情况下，都在竞相研发和应用微型化燃料电池发电技术。这种发电模式与传统的大型机组、大电网相结合，可以起到很好的互补作用。那么，燃料电池在具备了怎样的特点后才能实现这样的作用的呢？

任务工单

任务名称	分析燃料电池的特点	班级		日期	
小组成员		组号		组长	
实训教室		设备		课时	
任务描述					
学习目标					

任务名称	分析燃料电池的特点	班级	日期
小组成员		组号	组长
实训教室		设备	课时

任务描述

　　理解质子交换膜燃料电池的特点，了解熔融碳酸盐燃料电池、固体氧化物燃料电池、磷酸燃料电池和碱性燃料电池的特点。

学习目标

一、总目标

1. 能够了解燃料电池的特点；
2. 分析质子交换膜燃料电池、熔融碳酸盐燃料电池、固体氧化物燃料电池、磷酸燃料电池和碱性燃料电池的特点。

二、专业能力目标

1. 能够说明燃料电池的特点；
2. 能够分析质子交换膜燃料电池、熔融碳酸盐燃料电池、固体氧化物燃料电池、磷酸燃料电池和碱性燃料电池的特点。

三、方法能力目标

1. 能够借助网络检索有关燃料电池特点的内容；
2. 能够通过质子交换膜燃料电池、熔融碳酸盐燃料电池、固体氧化物燃料电池、磷酸燃料电池和碱性燃料电池原理，总结燃料电池的特点。

职业能力三

探索氢与燃料电池

学习目标	四、社会能力目标 1. 能够组织小型研讨； 2. 能够较清晰地表达燃料电池的特点； 3. 能够和小组成员一起协作分析。
资讯收集	1. 燃料电池有哪些特点？ 2. 质子交换膜燃料电池、熔融碳酸盐燃料电池、固体氧化物燃料电池、磷酸燃料电池和碱性燃料电池各有什么特点？
决策与计划	请根据任务要求，制定任务实施计划，确定所需要的检测仪器、工具，并对小组成员进行合理分工。 1. 需要的检测仪器、工具 _____ _____ 。 2. 小组成员分工 _____ _____ 。 3. 实施计划 _____ _____ 。

实施	根据任务要求填写实施方案或操作步骤。				

检查与评估	评价指标		组内自评	组间互评	教师评价
	方法能力和社会能力（__%）	劳动态度（__分）			
		工作纪律（__分）			
		安全操作（__分）			
		环境保护（__分）			
		团队协作（__分）			
	专业能力（__%）	任务方案（__分）			
		实施步骤（__分）			
		完成结果（__分）			
		任务工单完成（__分）			
	合计得分				
	本次最终得分（组内自评__% + 组间互评__% + 教师评价__%）				

📖 知识材料

一、质子交换膜燃料电池（PEMFC）的特点

（1）工作温度较低且电能转换效率较高。由于氢、氧化合作用，可以直接把化学能转化为电能，无须采用热机工艺，不受卡诺循环的限制。

（2）可达到零污染。它唯一的排放物是纯净水（及水蒸气），且没有废水污染，为环保型能源。

（3）工作噪声小，安全性高。PEMFC电池组无机械运动部件，运行时仅有气体和水的流通。

（4）维护便利。PEMFC结构相对简单，电池模块为"积木化"结构，组装和维护都十分便利，也很易于实现"免维护"设计。

（5）发电效率受负荷变化影响很小，非常适合于用作分散型发电装置（主机组），也适于用作电网的"调峰"发电机组（辅机组）。

（6）氢是世界上最多的元素，来源极其广泛，是一种可再生的能源资源，取之不尽、用之不绝。可通过石油、天然气、甲醇、甲烷等进行重整制氢，也可通过电解水制氢、光解水制氢、生物制氢等方法获取氢气。

二、熔融碳酸盐燃料电池（MCFC）的特点

（1）MCFC 是一种高温电池，工作温度可达 $600 \sim 700$ ℃，且余热利用价值高，但其电解质的高热和腐蚀性也意味着这种电池存在一些安全隐患。

（2）MCFC 发电效率高，最高可高于 40%，是大规模发电的首选。

（3）MCFC 的燃料具有多样性，可采用氢气、煤气、天然气和生物燃料等。

（4）MCFC 构造材料价格低，运行噪声低，无环境污染。

三、固体氧化物燃料电池（SOFC）的特点

（1）SOFC 采用全固态电池结构，相对于其他技术，SOFC 大大减少了因采用液态电解质而产生的腐蚀性，以及电解液短缺的现象。

（2）SOFC 对燃料的适应性很强，氢气、天然气、煤气、液化石油气等气体以及甲醇、乙醇都可以作为燃料，基本上无颗粒物、NO_x、SO_x 的排放，而且通过使用价格相对低廉的烷烃类燃料，能够在电池内部重整和氧化产生电能，这就避免了使用价格相对昂贵的氢气作为燃料。

（3）SOFC 工作温度阈值很高，达到了 800 ℃，工作时会产生大量的余热，可以进行热电联用，提高发电系统的效率。如配合热汽轮机将热废气进行有效利用，可以使能量转换率提高到 60% 以上，甚至 80%，且在高温下，电化学反应速率提高，活化极化电势降低，不再需要铂等贵金属作为催化剂，而代之以廉价的氧化物电极材料即可。高温工作也大大提高了电池对硫化物的耐受程度，其耐受水平比其他燃料电池高出两个数量级。

（4）SOFC 的全固态结构有利于电池的模块化设计，提高电池体积比容量，降低设计和制作成本。以燃气机、燃气涡轮机和组合循环装置等有竞争力的系统设定的经济和技术的规格为基准，SOFC 组合系统在电效率、部分负荷效率和排放方面均较于已有的技术有着更为突出的优越性。

（5）发电系统具有更广阔的市场应用，目前已确定能使用 SOFC 的市场包括家居、商业和工业生产热电联供、分布式发电、交通运输的辅助电源装置及轻便电源。SOFC 作为移动式电源，可以为大型车辆提供辅助动力源。但是由于其工作温度高，对电池材料和各种连接件要求高，故生产成本一直居高不下，阻碍了其大力发展和推广。

四、磷酸燃料电池（PAFC）的特点

（1）PAFC 不需要纯氢作为燃料，具有构造简单、安全稳定、电解质挥发量少、电解液廉价及其启动时间合理等优点，目前已能为医院、学校和小型电站提供动力。

（2）PAFC 的工作温度比 PEMFC 和 AFC 的略高，位于 $150 \sim 200$ ℃，较高的工作温度使其对杂质的耐受性较强；工作压力为 $0.3 \sim 0.8$ MPa，单电池的电压为 $0.65 \sim 0.75$ V。尽管

PAFC 的工作温度较高，但仍需贵金属白金作为催化剂来加速反应。

（3）高运行温度（150 ℃以上）引起的另一问题是与燃料电池堆升温相伴随的能量损耗。每当燃料电池启动时，必须消耗一些能量（即燃料）在加热燃料电池直至其达到运行温度上；反之，当燃料电池关闭时，相应的一些热量（即能量）也将被耗损。

（4）由于冻结的和再解冻的酸将难以使燃料电池堆激化，因此，磷酸电解液的温度必须保持在 42 ℃（磷酸冰点）以上，而为了保持燃料电池堆在该温度之上，就需要额外的设备，即需要增加成本、复杂性、重量和体积。

（5）PAFC 的缺点是电催化剂必须采用昂贵的贵金属（铂），以及酸性电解液的腐蚀性、二氧化碳的毒化和低效率。PAFC 的效率比其他燃料电池低，约为 40%，且加热时间较长。

五、碱性燃料电池（AFC）的特点

AFC 电池效率高，由于氧在碱性介质中的氧化还原反应比其他酸性介质强烈，反应动力学过程也较快，故采用较为廉价的金属催化剂如铁、镍等代替贵金属催化剂（铂等），降低了燃料电池的生产和运行成本，而且因工作温度低，故可以采用镍板作双极板。同时，碱性环境对金属催化剂的腐蚀性比酸性环境小，可以增长燃料电池堆的使用寿命。

拓展学习

一、影响 PEMFC 性能的因素

1. 设计和工艺因素

燃料电池在设计或者生产工艺上不合理会导致性能变差，例如双极板流场设计不合理会使反应气流无法分布均匀。

2. 材料因素

PEMFC 长期运行后，如果材料的抗氧化性不足，则会发生腐蚀现象，影响性能。

3. 系统问题

当管理系统、散热系统策略不合理时，也会引起电池堆反应不充分。

二、影响 SOFC 性能的因素

1. 压力的影响

与 MCFC 和 PAFC 一样，提高压力可以提高 SOFC 的性能。

2. 温度的影响

在 800 ℃时，电压—电流密度曲线的斜率上升，主要是因为电解质离子电导率显著降低，欧姆极化增加；相反，在 1 050 ℃时，欧姆极化降低，电池效能增加。

3. 气体组成及利用率的影响

与其他燃料电池一样，用纯氧代替空气时，SOFC 的性能提高。燃料气体组成对 SOFC 理论开路电压的影响由 O/C 原子比和 H/C 原子比确定。

4. 其他因素的影响

（1）杂质影响。煤气中常见的杂质有 H、S、HCl 和 NH$_3$，4 000 mg/m^3 浓度的 NH$_3$ 对 SOFC 无影响，2 mg/m^3 浓度的 HCl 在 400 h 运行期间也基本无影响，但 1.5 mg/m^3 的 H 和 S 对 SOFC 的性能有显著影响。实验证明，如果从燃料中去除 H$_2$S，SOFC 的性能能够恢复正常，而且保持 NH$_3$ 在 4 000 mg/m^3、HCl 在 2 mg/m^3 时，将 H$_2$S 质量浓度降至 0.15 mg/m^3，对 SOFC 性能无影响。

（2）电流密度的影响。SOFC 的电压损失由欧姆损失、活化损失和浓度损失构成，它们随电流密度的增加而增大。

5. 中温 SOFC

中温 SOFC 是指工作温度为 600～800 ℃ 的 SOFC。降低了 SOFC 的运行温度后，则可以使用价格较为低廉的材料，配套设备的要求和成本也随之降低。由于电极和电解质界面组分相互作用，高温 SOFC 的寿命受到很大限制，降温可减少界面扩散现象，提高 SOFC 的寿命。

职业能力四

项目一 燃料电池汽车结构认知

任务一 燃料电池汽车整体构造认知

学习目标

1. 理解燃料电池汽车特点、优势及工作原理；
2. 能够识别燃料电池汽车关键系统和部件，分析其作用和功能。

引导问题

纯电动汽车、插电式混合动力汽车和燃料电池汽车是中国新能源汽车发展的"三驾马车"。燃料电池汽车因其具有绿色、环保、排放无污染等优势，有着巨大的发展前景。那么，燃料电池汽车是因为有怎样的特殊结构，让它和燃油车相比有这么明显的优势呢？它有哪些关键的部件？这些部件在车上又是如何布置的？

任务工单

任务名称	燃料电池汽车整体构造认知	班级		日期	
小组成员		组号		组长	
实训教室		设备		课时	
任务描述	通过查看实车，了解燃料电池汽车的优势和特点，并与不同类型的新能源汽车进行对比，查找和识别燃料电池汽车的关键部件，分析其主要功能和作用。				

学习目标	**一、总目标** 　1. 能够对比燃料电池汽车与其他类型新能源汽车的特点和优势； 　2. 通过识别燃料电池汽车关键系统和部件，分析其作用和功能。 **二、专业能力目标** 　1. 能够分析燃料电池汽车的工作原理； 　2. 能够分析典型燃料电池汽车关键部件的布置和作用。 **三、方法能力目标** 　1. 能够通过网络或维修手册搜集车辆的配置和性能参数； 　2. 能够对不同品牌的燃料电池汽车进行对比分析。 **四、社会能力目标** 　1. 能够组织小组成员开展燃料电池汽车优缺点的分析； 　2. 能够和小组成员一起协作搜集所需数据； 　3. 填写任务工单，制定工作计划，养成良好的工作方法和习惯； 　4. 通过文明操作，培养良好的职业道德和安全环保意识。
资讯收集	1. 不同类型的新能源汽车各有什么优缺点？ 2. 燃料电池汽车有哪些关键部件？其作用是什么？ 3. 举例说明燃料电池汽车中燃料电池系统的布置情况。

	请根据任务要求，制定任务实施计划，确定所需要的检测仪器、工具，并对小组成员进行合理分工。
决策与计划	1. 需要的检测仪器、工具或设备 _____ _____ 。 2. 小组成员分工 _____ _____ 。 3. 实施计划 _____ _____ 。
实施	根据任务要求填写实施方案或操作步骤。

检查与评估	评价指标		组内自评	组间互评	教师评价
	方法能力和社会能力（__%）	劳动态度（__分）			
		工作纪律（__分）			
		安全操作（__分）			
		环境保护（__分）			
		团队协作（__分）			
	专业能力（__%）	任务方案（__分）			
		实施步骤（__分）			
		完成结果（__分）			
		任务工单完成（__分）			
	合计得分				
	本次最终得分（组内自评__% + 组间互评__% + 教师评价__%）				

职业能力四

学会燃料电池汽车构造与原理

一、燃料电池汽车工作原理

我国新能源汽车的技术体系是"三横三纵"式（见图4-1-1）。"三横"是指动力电池管理系统、驱动电动机与电力电子、网联化与智能化技术；"三纵"是指纯电动汽车BEV（Blade Electric Vehicle）、混合动力汽车HEV（Hybrid Electrical Vehicle）和燃料电池汽车FCV（Fuel Cell Vehicle），"三纵"也是中国新能源汽车发展的"三驾马车"。通过前面任务的实施，我们已经了解，燃料电池汽车是利用燃料电池产生出电能来驱动电动机工作，由电动机带动汽车中的机械传动结构，从而驱动电动汽车前进的。与混合动力汽车相比，燃料电池汽车主要以氢气作为燃料，零排放；与纯电动汽车相比，氢燃料电池汽车只需3～5 min就能充满长途行驶所需的气量，比一般的纯电动汽车充电要快得多。此外，燃料电池汽车也采用电动机驱动，省去了传统内燃机汽车和混合动力汽车复杂的动力传动装置。此外，采用先进的变频矢量控制的驱动电动机，可以方便地实现无级变速和再生制动能量的回收。"三纵"的优缺点如表4-1-1所示。

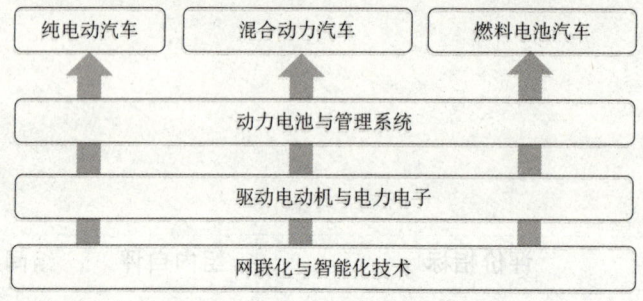

图4-1-1　新能源汽车的技术体系

表4-1-1　不同类型新能源车的优缺点对比

汽车类型	优点	缺点
纯电动汽车	零排放，无污染，高效能	充电时间长，续航里程较短，电池成本高，废弃电池存在污染
混合动力汽车	内燃机的存在确保了续驶里程，提高了燃料的经济性	由于内燃机的存在，依然会有碳排放，污染环境
燃料电池汽车	零排放，无污染，续驶里程可与内燃机媲美，加注氢气时间短	燃料电池昂贵导致整车成本高，加氢站等基础设施不完善，制氢成本较高，还会产生污染

二、燃料电池汽车的关键部件

燃料电池系统主要由以下几个主要部分组成：一个或多个电池堆，输送燃料、氧化剂和废气的管路，以及电池堆输电的电路连接、检测或控制系统。此外，燃料电池系统协同部件还包括输送辅助介质（如冷却介质、惰性气体）的装置、检测系统运行条件的装置、外壳或压力容器模块及其通风系统，以及模块操作和功率调节所需的电子元器件。燃料电池系统的组成部件如图4-1-2所示。

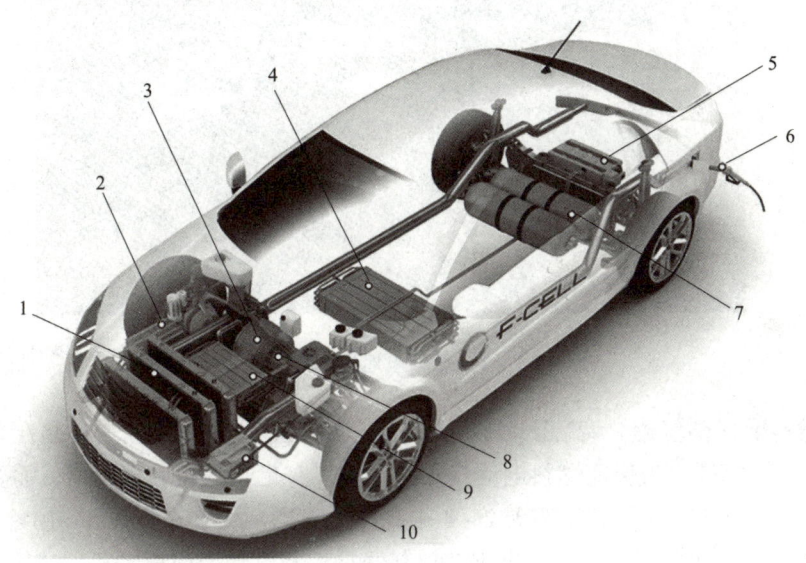

图4-1-2 燃料电池系统的组成部件

1—热管理系统（冷却）；2—DC/DC转换器；；3—电动牵引电动机；4—燃料电池堆；5—动力电池组；
6—燃料加注口；7—燃料罐（氢气）；8—主减速器；9—电动机驱动控制器；10—低压辅助电池

燃料电池汽车中的关键部件一般由以下几个部分组成：

（1）低压辅助电池。低压辅助电池在牵引电池输出之前提供电力，以起动汽车。此外，它还为车辆配件提供动力。

（2）动力电池组。作为辅助动力源，这种高压电池存储再生制动产生的能量，并为电动牵引电动机提供补充电力。根据燃料电池电动汽车FCEV（Fuel Cell Electric Vehicle）的设计方案不同，可以用蓄电池组、飞轮储能器或超大容量电容等共同组成双电源系统，蓄电池可采用镍氢蓄电池或锂离子蓄电池。

（3）DC/DC转换器。蓄电池和超级电容器做辅助时需要配备双向DC/DC变换器。DC/DC转换器的主要功能是调节燃料电池的输出电压，使之能够升压到650 V。此外，还有调节整车能量分配等功能。

（4）电动牵引电动机。主要有直流电动机、交流电动机、永磁同步电动机和开关磁阻电动机等，使用来自燃料电池和牵引电池组的电力驱动车辆车轮转动。还有一些车辆使用同时执行驱动和再生功能的电动发电机。

（5）燃料电池电堆。它是燃料电池汽车的主要动力源，是一种直接以电化学反应方式将燃料的化学能转变为电能的高效发电装置，是使用氢气和氧气发电的单个膜电极的组件。

（6）燃料加注口。加注口外保护盖内侧应有明显的工作压力、氢气标识等，如"35 MPa、氢气""70 MPa、氢气""35 MPa、H_2""70 MPa、H_2"，如图4-1-3所示。

图4-1-3　燃料电池汽车燃料加注口

（7）燃料罐（储氢罐）。高压储氢罐是气态氢的存储装置，将氢气存储在车辆上，用于给燃料电池供应氢气。为保证燃料电池汽车一次充气有足够的续驶里程，就需要多个高压储氢罐来存储气态氢气。一般轿车需要2~4个高压储氢罐，大客车需要5~10个高压储氢罐。

（8）电动机驱动控制器。电动机驱动控制器是控制电动牵引电动机的速度及扭矩的。

（9）热管理系统（冷却）。该系统可保持燃料电池、电动机、电力电子设备和其他组件在适当工作温度范围内。

（10）主减速器。传递从电动牵引电动机发出的机械动力，以驱动车轮转动。

此外，由燃料电池管理系统、辅助电池管理系统、驱动电动机控制器等组成了燃料电池汽车的"大脑"——整车控制器，它一方面接收来自驾驶员的需求信息（如点火开关、加速踏板、制动踏板、挡位信息等），实现整车工况控制；另一方面基于反馈的实际工况（如车速、制动、电动机转速等）以及动力系统的状况（燃料电池及动力蓄电池的电压、电流等），根据预先匹配好的多能源控制策略进行能量分配调节控制。

拓展学习

一、典型燃料电池汽车车身整体布置

1. 丰田 Mirai

2014年，丰田面向普通消费者推出了世界上第一款大规模量产的燃料电池汽车——丰田Mirai。Mirai采用储氢罐解决氢生产后的使用问题，由于氢气是易燃易爆气体，所以储氢罐在大量储存氢燃料的同时，还必须保证其能够抗爆。丰田为了提高储氢能力和储氢罐的安全性，将氢气罐放置于底部，不仅可以降低汽车的重心，也能确保行驶的稳定性。图4-1-4和

图 4 - 1 - 5 所示为丰田 Mirai 的车身总布置图。

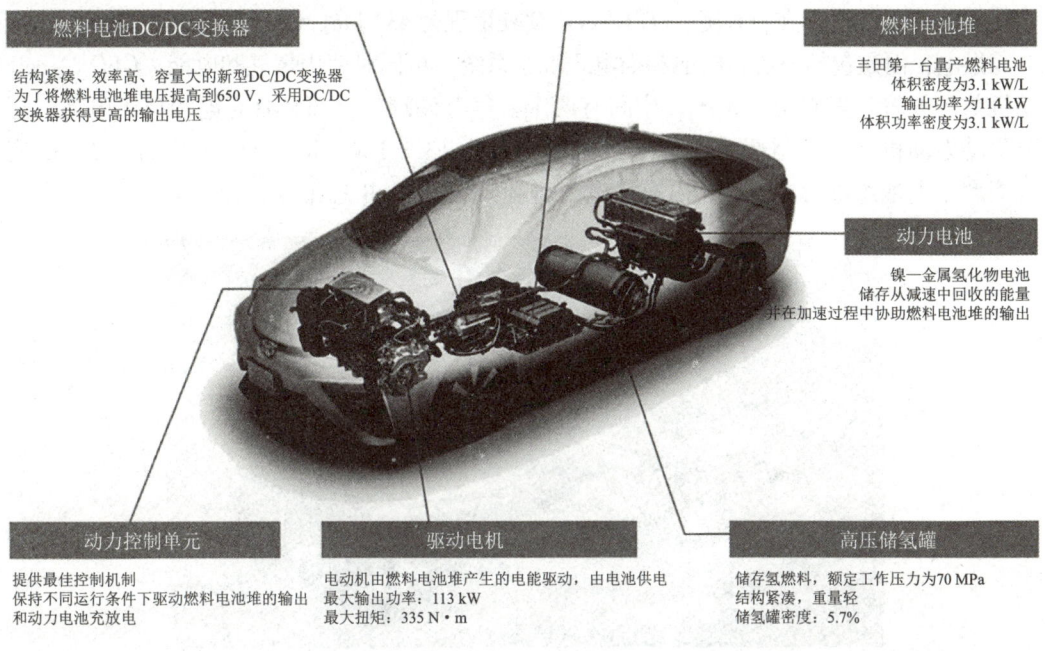

燃料电池DC/DC变换器

结构紧凑、效率高、容量大的新型DC/DC变换器
为了将燃料电池堆电压提高到650 V，采用DC/DC
变换器获得更高的输出电压

燃料电池堆

丰田第一台量产燃料电池
体积密度为3.1 kW/L
输出功率为114 kW
体积功率密度为3.1 kW/L

动力电池

镍—金属氢化物电池
储存从减速中回收的能量
并在加速过程中协助燃料电池堆的输出

动力控制单元

提供最佳控制机制
保持不同运行条件下驱动燃料电池堆的输出
和动力电池充放电

驱动电机

电动机由燃料电池堆产生的电能驱动，由电池供电
最大输出功率：113 kW
最大扭矩：335 N·m

高压储氢罐

储存氢燃料，额定工作压力为70 MPa
结构紧凑，重量轻
储氢罐密度：5.7%

图 4 - 1 - 4　Mirai 汽车动力系统总体布置

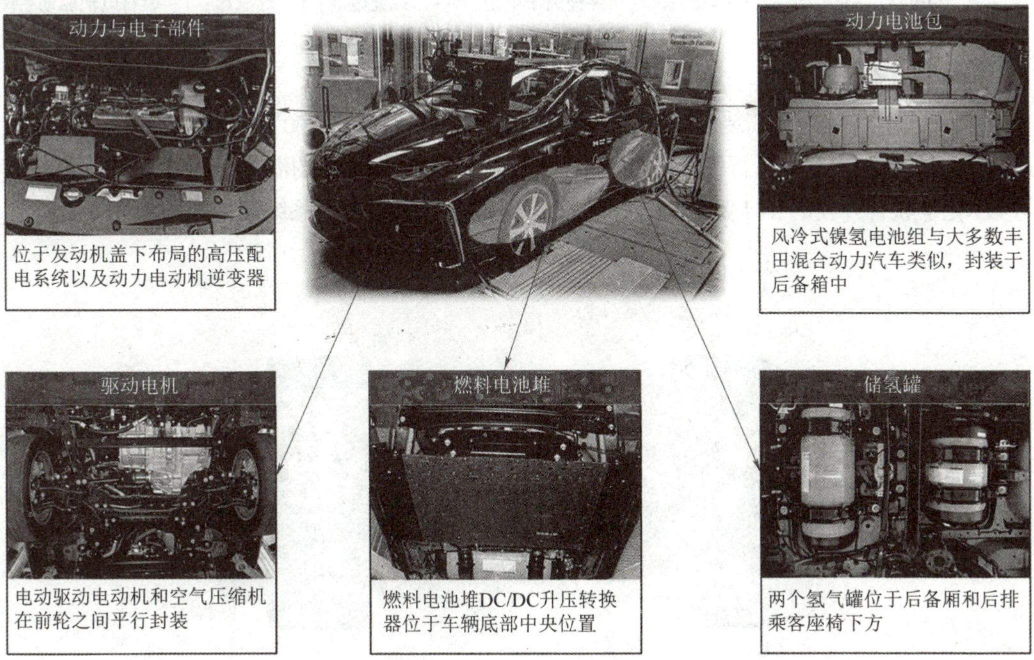

动力与电子部件

位于发动机盖下布局的高压配
电系统以及动力电动机逆变器

动力电池包

风冷式镍氢电池组与大多数丰
田混合动力汽车类似，封装于
后备箱中

驱动电机

电动驱动电动机和空气压缩机
在前轮之间平行封装

燃料电池堆

燃料电池堆DC/DC升压转换
器位于车辆底部中央位置

储氢罐

两个氢气罐位于后备厢和后排
乘客座椅下方

图 4 - 1 - 5　Mirai 汽车动力系统结构布局

职业能力四　学会燃料电池汽车构造与原理

149

2. 戴姆勒－奔驰 GLC f－cell

根据欧洲 NEDC 标准，奔驰 GLC f－cell 续驶里程为 437 km。GLC f－cell 不是完全由氢燃料电池供电，而是包括氢燃料电池和插电式混合系统，可同时使用氢气和电能。GLC f－cell 在发动机前舱放置氢燃料电池系统，中间有两个氢气存储罐，后部装有充电锂离子电池，还有一个驱动电动机。位于尾部的锂离子电池组容量为 13.8 kW·h，通过车载的 7.2 kW 充电器，锂离子电池组能够在 1.5 h 内充满电。奔驰 GLC f－cell 总布置图如图 4－1－6 所示。

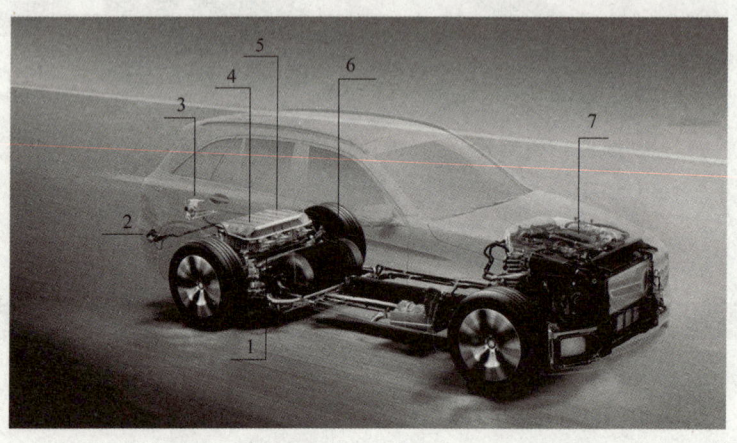

图 4－1－6　奔驰 GLC f－cell 总布置图

动机；2—充电插座；3—燃料管口；4—锂离子电池；5—车载充电器；6—储氢罐；7—燃料电池驱动系统

3. 现代 ix35 FCEV

现代 ix35 燃料电池汽车装配 100 kW 电动机，最高时速可达 160 km。两个储氢罐总容量为 5.64 kg，使车辆一次充电可行驶 594 km，并且可以在低至 －20 ℃ 的温度下可靠起动，能量存储在与 LG 化学联合开发的 24 kW 锂离子电池中。现代 ix35 燃料电池系统结构如图 4－1－7 所示。

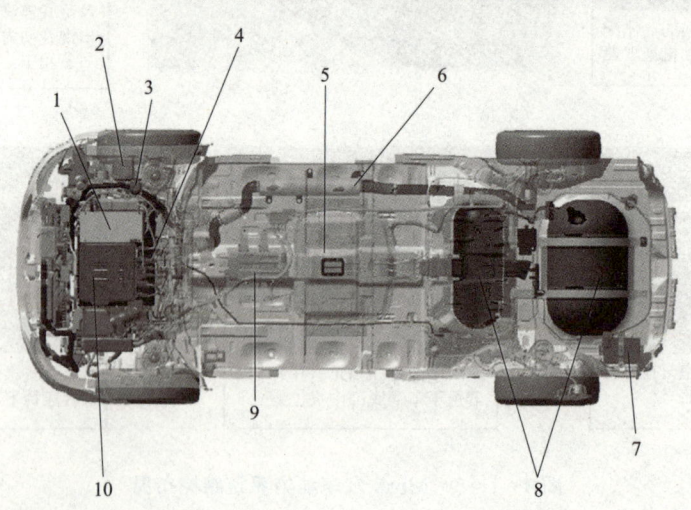

图 4－1－7　现代 ix35 燃料电池系统结构

1—氢燃料供应系统；2—堆栈冷却水箱；3—离子过滤器；4—燃料电池组合模块；5—高压动力电池；6—排水管；
7—12 V 蓄电池；8—高压储氢罐模块；9—双向高压 DC－DC 变换器/低压 DC－DC 变换器；10—高压接线盒

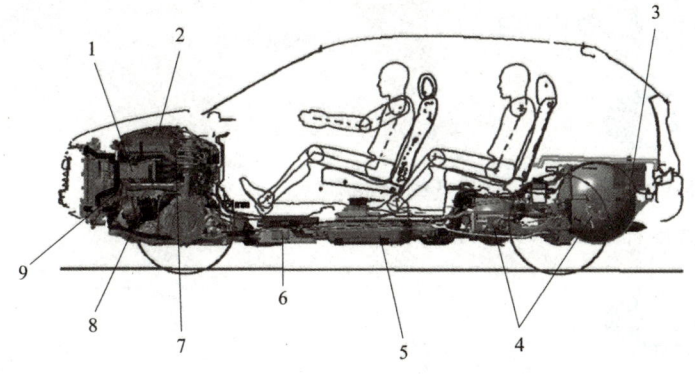

图 4-1-7　现代 ix35 燃料电池汽车（续）

1—电动机控制器；2—高压接线盒；3—12 V 蓄电池；4—高压储氢罐模块；5—高压动力电池；

6—双向高压 DC-DC 变换器/低压 DC-DC 变换器；7—燃料电池组合模块；

8—鼓风机；9—电气单元冷却泵

任务二 燃料电池堆结构认知

 学习目标

1. 理解氢燃料电池堆的系统结构及其作用；
2. 能够识别氢燃料电池堆的结构组成。

引导问题

燃料电池汽车的核心部分就是氢燃料电池堆，它是氢能向电能转化的实现途径。另外，在转化过程中还涉及空气的进入和水的排放、温度的控制、能量的存储等复杂过程。那么，怎样的电池堆结构能让能量实现转化呢？常见的燃料电池汽车中，氢燃料电池总成由哪些部件构成呢？

任务工单

任务名称	燃料电池堆结构认知	班级		日期	
小组成员		组号		组长	
实训教室		设备		课时	
任务描述	了解氢燃料电池系统的组成及功用，识别和对比不同燃料电池汽车电池堆总成的结构，分析其功用。				
学习目标	一、总目标 1. 能够描述燃料电池汽车燃料电池系统的组成和功用； 2. 理解燃料电池单元堆叠过程； 3. 通过识别不同的燃料电池汽车中电池堆总成结构，分析其功用。 二、专业能力目标 1. 能够讲述氢燃料电池系统的组成； 2. 能够分析典型的燃料电池汽车燃料电池系统关键部件的功用。 三、方法能力目标 1. 能够通过网络或车辆维修手册查询电堆参数； 2. 能够识别不同燃料电池汽车的电堆部件结构。 四、社会能力目标 1. 能够组织小组成员开展分析研讨； 2. 能够和小组成员一起协作查询所需数据； 3. 通过规范文明操作，培养良好的职业道德和安全环保意识。				

资讯收集	1. 氢燃料电池系统包括哪些子系统？ 2. 氢燃料电池单元是如何构成电堆的？ 3. 常见燃料电池汽车电堆各组成结构有什么功用？
决策与计划	请根据任务要求，制定任务实施计划，确定所需要的检测仪器、工具，并对小组成员进行合理分工。 1. 需要的检测仪器、工具或设备 ＿＿＿＿＿＿＿＿＿＿＿＿＿＿＿＿＿＿＿＿＿＿＿＿＿＿＿＿＿＿＿＿。 2. 小组成员分工 ＿＿＿＿＿＿＿＿＿＿＿＿＿＿＿＿＿＿＿＿＿＿＿＿＿＿＿＿＿＿＿＿。 3. 实施计划 ＿＿＿＿＿＿＿＿＿＿＿＿＿＿＿＿＿＿＿＿＿＿＿＿＿＿＿＿＿＿＿＿。

		根据任务要求填写实施方案或操作步骤。			
实施					
检查与评估		评价指标	组内自评	组间互评	教师评价
	方法能力和社会能力（__%）	劳动态度（__分）			
		工作纪律（__分）			
		安全操作（__分）			
		环境保护（__分）			
		团队协作（__分）			
	专业能力（__%）	任务方案（__分）			
		实施步骤（__分）			
		完成结果（__分）			
		任务工单完成（__分）			
		合计得分			
		本次最终得分（组内自评__% +组间互评__% + 教师评价__%）			

 知识材料

一、氢燃料电池系统的组成

一般氢燃料电池系统包括氢气子系统、热管理子系统、空气子系统和电池堆。其中，氢气子系统用于储存与供给氢能源。在运输过程中，氢气一般被压缩成液态氢储存在储氢罐，相当于燃油车的油箱、电动车的电池。在使用过程中，氢气子系统需要向电池堆供应适量的氢气，并在供应氢气的管路上安装高压传感器，用于检测输氢管路的压力。经过高压管道的氢气最终在电子控制单元（ECU）的控制下通过喷射阀被喷射到电池堆中。

氢气子系统的末端还有一个称为阳极循环泵的回收装置，它类似于缸内直喷燃油车上的

低压回油阀，作用是将多余的氢气压缩后回收。通过储存、输送、压力检测、电磁阀喷射、阳极循环泵回收多个环节，即组成了一个高效的氢气供给系统。

电池堆中与氢气反应的是氧气，氧气主要通过大气提供。但因大气气压太低，为了给电池堆提供足量的氧气，需给供氧系统增压，这和燃油车上常见的机械增压系统类似。不同的是，燃油车机械增压器采用油浮式转子，转子轴承上的润滑油会受热蒸发，导致进气混有适量的机油气体。电池堆有大量的催化剂，蒸发机油气体会导致催化剂中毒。为防止催化剂中毒，氢燃料电池的空气增压器经过了特殊的设计，不再是传统的油浮式，且能承受更高的转速。

单个电池的基本原理是电解水的逆反应，阳极是氢气，阴极是氧气。氢气通过阳极向外扩散与电解质发生反应后，放出电子并通过外部的负载到达阴极。而氢燃料电池是由数百片这种相互独立的单个"电池"串联起来，一个挨着一个组成的堆栈，电压即为多个电池电压的总和，利用这种"堆叠"的技术就构成了电池堆。以大众集团的氢燃料电池为例，每一片电池都能产生 0.6 ~ 0.8 V 的电压，而整个电池堆栈一共即能输出 230 ~ 360 V 的电压。

二、典型燃料电池汽车电池堆总成结构

1. 本田 Clarity FCV 电池堆的结构

Clarity 燃料电池汽车进一步优化并精简了燃料电池组，它使驱动电动机以更高的电流运行来实现更大的功率。Clarity 使用 FCVCU（电控组件）来减少燃料电池堆产生的电流，并将电压提高至 500 V。本田 Clarity FCV 电池堆结构如图 4 - 1 - 8 所示。

图 4 - 1 - 8 本田 Clarity FCV 电池堆

1—燃料电池堆；2—电压控制单元；3—氢气供给系统；4—空气供给系统；5—电动增压空压机；6—动力控制单元（驱动电动机、齿轮箱）；7—同轴变速箱；8—PCU（动力控制单元）；9—驱动电动机；10—燃料电池堆；11—电压控制单元

通过将 FCVCU 放置在燃料电池堆的顶部，可以最大限度地减少传导大电流的导线长度，最大限度地利用 FCVCU 的尺寸优势。FCVCU 可以为电动机提供高电压，相当于增加燃料电池堆中的电池。因此，电动机的最大输出功率增加到 130 kW，且保持相同的尺寸不变。FCV Clarity 燃料电池阴、阳极进气方式为水平逆流，湿空气在电池入口段向膜电极提供水分，产物水向电池阴极出口移动，湿润出口端膜电极。空气出口段水分反扩散至阳极入口，阳极入口水分沿流道方向传质扩散，从而在膜电极内形成水循环闭路，使膜电极水分均匀。其结构如图 4 - 1 - 9 所示。

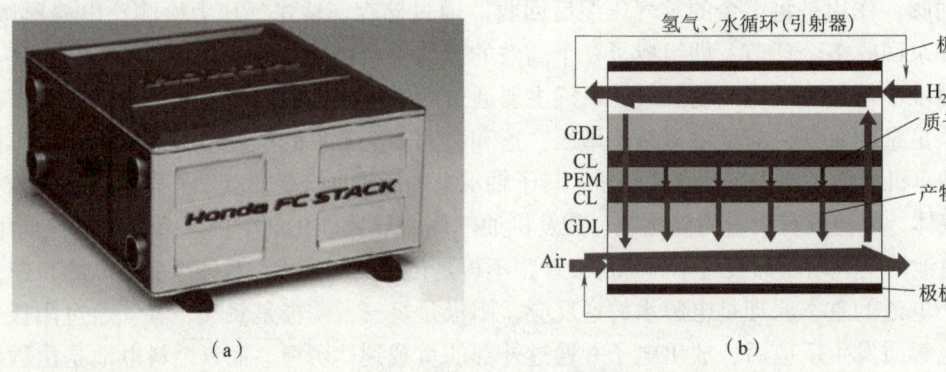

（a）　　　　　　　　　　　（b）

图 4 – 1 – 9　本田 Clarity FCV 燃料电池内部结构

Clarity 燃料电池通过波纹性流场强化气体传质，以双片 MEA + 三片极板组成一个单元（双电池）以减少燃料电池堆体积；除使用超薄 MEA 外，可采用逆流进气达到循环电化学产物水目的；此外，通过使用树脂框架实现最佳气体分布特性，以实现 CCM 内水分分布均匀；再者，通过湿度反馈控制降低水含量。上述技术有效降低了气体流道深度，并减小 20% 体积，从而实现了 1 mm 电池厚度。Clarity FCV 电池极板结构如图 4 – 1 – 10 所示。

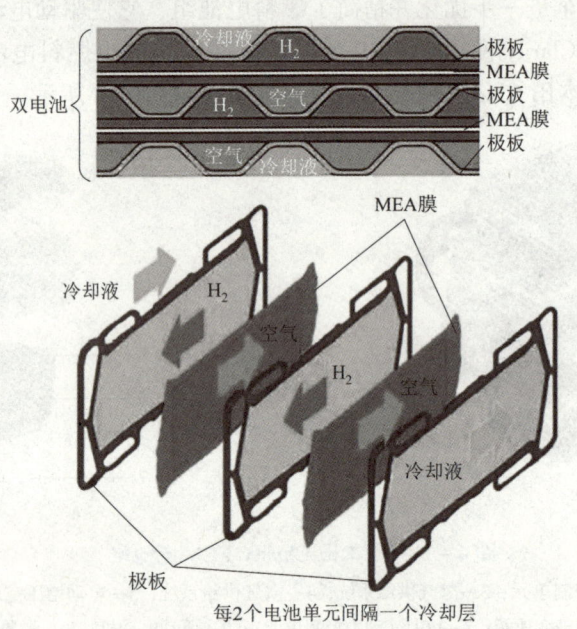

每2个电池单元间隔一个冷却层

图 4 – 1 – 10　本田 Clarity FCV 电池极板结构

3. 戴姆勒 – 奔驰 GLC f – cell

戴姆勒 – 奔驰 GLC f – cell 也是使用的 PEM 燃料电池，PEM 燃料电池的结构类似于三明治，中间是一层薄塑料薄膜，即质子交换膜（PEM）。这种膜的两面都涂有一层薄的催化剂层和一个由石墨纸制成的透气电极。膜被两个双极板包围，双极板中铣入了气体管路，通过这些气体管道，使其一侧是氢气，另一侧是氧气。GLC f – cell 单个燃料电池一个接一个地堆叠，大约 400 个燃料电池形成一个完整的燃料电池堆，为车辆提供动力，如图 4 – 1 – 11 所示。

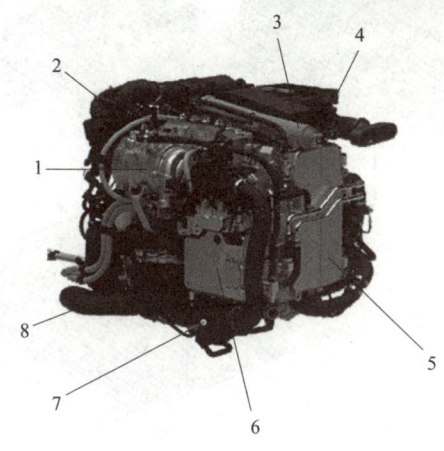

图 4 – 1 – 11　奔驰 GLC f – cell 电池堆总成

1—空压机；2—氢气回路；3—离子交换器；4—空滤；5—电堆壳体；6—DCDC；
7—空气处理单元（中冷器和增湿器）；8—尾排管路

　　奔驰 GLC f – cell 燃料电池汽车同样将高度集成化的燃料电池系统置于发动机舱。燃料电池发动机主要包括 75 kW 燃料电池堆、电动涡轮增压空压机、膜式加湿器、氢循环、升压转换器、空气滤清器、离子交换器、12 V 水泵和燃料电池控制单元等。

　　奔驰 GLC f – cell 燃料电池 SUV 搭载带有废气能量回收的电动涡轮增压空压机，如图 4 – 1 – 12 所示，通过将电动增压和电堆排放废气涡轮增压有机结合，提高燃料电池系统效率（尤其在低负荷区间）。奔驰 GLC f – cell 采用无油空气轴承，提高了燃料电池的耐久性和可靠性。通过全新设计和开发，该型电动涡轮增压空压机体积、重量、振动和噪声全面降低。

图 4 – 1 – 12　电动涡轮增压空压机

1—电动机；2—压缩机；3—逆变器；4—涡轮

3. 丰田 Mirai 电池堆的结构

丰田 Mirai 燃料电池堆由 370 个电芯组成，升压系统最终的最大输出电压可达 650 V，满足驱动电动机的最大输出要求。其组件主要包括燃料电池堆、辅助部件（氢气循环泵等）和燃料电池升压转换器，集成这些组件可实现更小、更轻且更便宜的燃料电池堆，如图 4 – 1 – 13 所示。

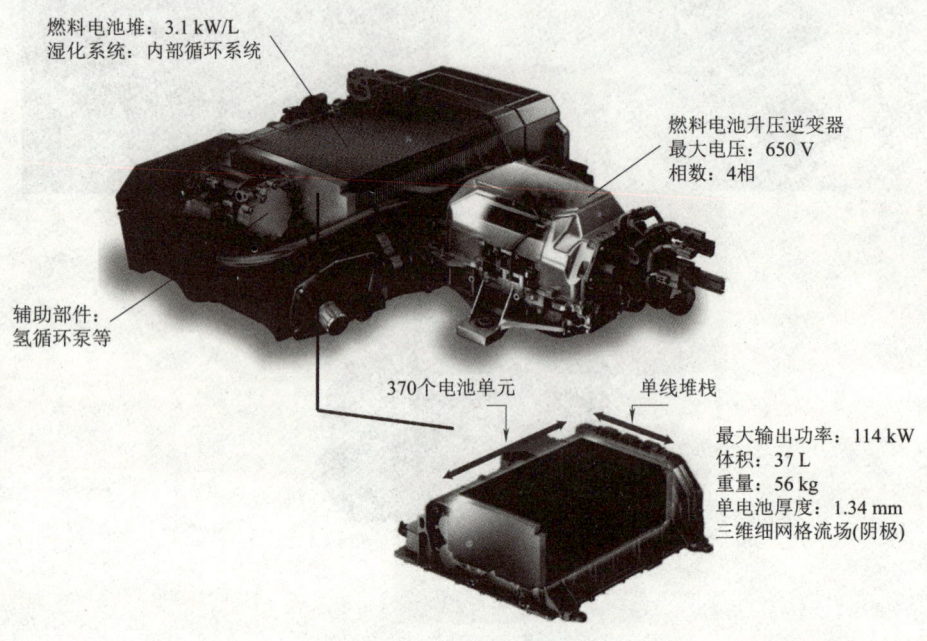

燃料电池堆：3.1 kW/L
湿化系统：内部循环系统

燃料电池升压逆变器
最大电压：650 V
相数：4 相

辅助部件：
氢循环泵等

370 个电池单元　　单线堆栈

最大输出功率：114 kW
体积：37 L
重量：56 kg
单电池厚度：1.34 mm
三维细网格流场(阴极)

图 4 – 1 – 13　Mirai 电池堆

拓展学习

燃料电池堆密封要求。

燃料电池堆对密封可靠性要求高，不允许有任何泄漏，尤其是在车用和军用等领域。为了达到较好的密封效果，需要选择适宜的密封结构和密封材料。总体来看，电池堆的密封通常要满足以下要求：

（1）反应气、冷却液不外漏，燃料、氧化剂和冷却液不互窜。

（2）密封组件安全可靠，寿命长。

（3）密封组件结构紧凑，制造、维修方便。

选用的密封材料应该满足密封功能的要求。由于被密封的介质以及设备的工作条件不同，要求密封材料具有不同的适用性。对密封材料的一般要求如下：

（1）材料的致密性好，不易泄漏介质。

（2）有适当的机械强度和硬度。

（3）压缩性和回弹性好，永久变形小。

（4）高温下不软化、不分解，低温下不硬化、不脆裂。

（5）耐腐蚀性能好，在酸、碱、油等介质中能长期工作，其体积和硬度变化小，且不黏附在密封面上，对燃料电池其他部件不产生污染。

（6）摩擦系数小，耐磨性好；具有与密封面结合的柔软性；耐老化性能好，经久耐用。

（7）加工制造方便，价格便宜，取材容易。

虽然几乎没有材料可以完全满足上述要求，但是具有优异密封性能的材料一般能够满足上述大部分要求。常用的密封材料为橡胶类高分子材料，其制品种类繁多，包括硅橡胶、氟橡胶、丁腈橡胶（NBR）、氯丁橡胶（CR）和三元乙丙橡胶（EPDM）等。

任务三　储氢系统结构认知

学习目标

1. 理解高压气态储氢方式的特点；
2. 能够识别储氢罐的结构与组成。

引导问题

　　氢气是燃料电池汽车的能量来源。因此，燃料电池汽车的储氢系统对燃料电池汽车至关重要，储氢罐的容积、工作压力、存储密度、重量以及安装位置，会直接影响到燃料电池汽车的动力及空间等性能表现。那么，现在主流燃料电池汽车的储氢方案是怎样的呢？在燃料电池汽车的实际应用中，又是如何做到既实现储氢系统轻量化又保证为电堆安全供氢呢？

任务工单

任务名称	储氢系统结构认知	班级		日期	
小组成员		组号		组长	
实训教室		设备		课时	
任务描述	通过对典型燃料电池汽车储氢系统的结构与布局进行分析和对比，了解储氢罐的发展历程，理解氢燃料汽车储氢系统的类型及特点。				
学习目标	**一、总目标** 　1. 能对典型燃料电池汽车储氢系统的结构与布局进行分析和对比； 　2. 了解储氢罐的发展历程； 　3. 理解氢燃料电池汽车储氢系统的类型及特点。 **二、专业能力目标** 　1. 能够描述储氢系统的类型； 　2. 能够理解高压气态储氢容器的发展阶段； 　3. 能够分析典型燃料电池汽车储氢罐的结构和特点。 **三、方法能力目标** 　1. 能够通过网络或车辆维修手册查询储氢系统的参数； 　2. 能够识别不同燃料电池汽车储氢罐的结构和组成。 **四、社会能力目标** 　1. 能够组织小组成员开展分析研讨； 　2. 能够和小组成员一起协作查询所需数据； 　3. 通过规范文明操作，培养良好的职业道德和安全环保意识。				

资讯收集	1. 储氢技术主要包括哪些类型？汽车上常用的是哪种？ 2. 高压气态储氢的特点和优势有哪些？ 3. 常见的燃料电池汽车储氢罐的布置有哪些区别？
决策与计划	请根据任务要求，制定任务实施计划，确定所需要的检测仪器、工具，并对小组成员进行合理分工。 1. 需要的设施、仪器、工具 　　　　　　　　　　　　　　　　　　　　　　　　　　　　。 2. 小组成员分工 　　　　　　　　　　　　　　　　　　　　　　　　　　　　。 3. 实施计划 　　　　　　　　　　　　　　　　　　　　　　　　　　　　。

实施	根据任务要求填写实施方案或操作步骤。				

检查与评估	评价指标		组内自评	组间互评	教师评价
	方法能力和社会能力（＿%）	劳动态度（＿分）			
		工作纪律（＿分）			
		安全操作（＿分）			
		环境保护（＿分）			
		团队协作（＿分）			
	专业能力（＿%）	任务方案（＿分）			
		实施步骤（＿分）			
		完成结果（＿分）			
		任务工单完成（＿分）			
	合计得分				
	本次最终得分（组内自评＿% +组间互评＿% +教师评价＿%）				

一、丰田 Mirai 储氢罐

丰田公司已经将 70 MPa 的高压储氢罐用于商用燃料电池汽车。Mirai 通过碳纤维增强塑料层结构，实现了储氢罐重量的降低，其使用的两个储氢罐的容量分别为 60 L 和 62.4 L。外保护层是一种能有效减小冲击的玻璃纤维保护层，由玻璃纤维和环氧树脂组成，通过环氧树脂进行加热固化，以保证罐体强度；中间是可以抗压的碳纤维增强树脂缠绕层；内层有一层塑料内衬。Mirai 储氢罐可以承受高压冲击，实现了 5.7%（质量分数）的储氢性能。Mirai 储氢罐结构如图 4-1-14 所示。

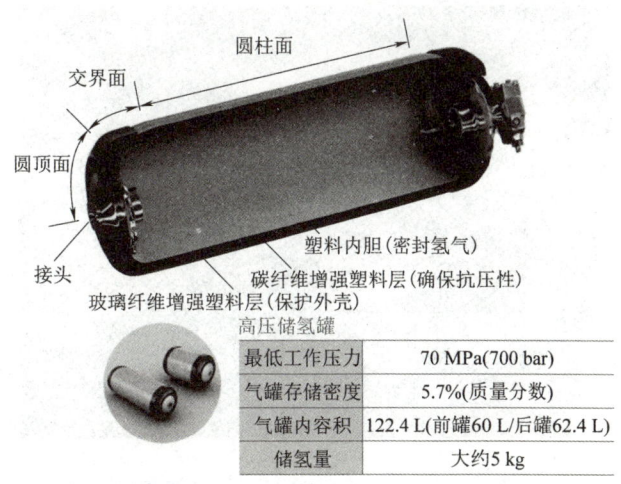

高压储氢罐	
最低工作压力	70 MPa(700 bar)
气罐存储密度	5.7%(质量分数)
气罐内容积	122.4 L(前罐60 L/后罐62.4 L)
储氢量	大约5 kg

图4-1-14　Mirai 储氢罐结构

二、本田 Clarity FCV 储氢罐

本田的 Clarity FCV 燃料电池汽车及高压气罐如图4-1-15所示。从图4-1-15中可以看出，该车安装了两个储氢罐，较大的117 L 主储氢罐放置在后排座椅后面（后备厢下方）高刚性的后副车架内，第二个较小的24 L 储氢罐放置在后排座椅下方。双储氢罐的应用将氢气容量提升了39%，达到141 L，可储存5 kg 的高压氢气。铝衬里氢气罐可承受70 MPa 的内部压力，由两个气体喷射器精确控制压力和流速，输送到燃料电池组。

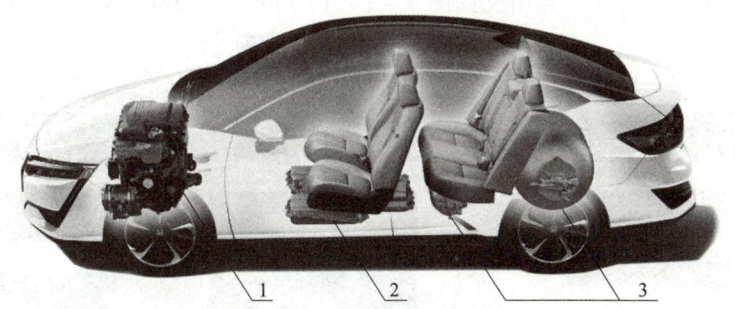

图4-1-15　燃料电池汽车及高压气罐
1—燃料电池动力总成；2—锂离子电池；3—70 MPa 氢气罐

三、戴姆勒-奔驰 GLC f-cell

如图4-1-16所示，戴姆勒-奔驰 GLC f-cell 两个安装在车辆地板上的碳纤维外壳罐可容纳约4.4 kg 的氢气。得益于全球标准化的70 MPa 的储氢罐技术，戴姆勒-奔驰 GLC f-cell 可以在3 min 内充满氢气，这与内燃机汽车加油所需的时间大致相同。

图 4 –1 –16　奔驰 GLC f –cell 储氢罐

拓展学习

一、储氢罐的类型和特点

储氢罐根据制造材料不同共分为四种类型，即全金属气罐（Ⅰ型）、金属内胆纤维环向缠绕气罐（Ⅱ型）、金属内胆纤维全缠绕气罐（Ⅲ型）、非金属内胆全缠绕气罐（Ⅳ型）；根据气瓶压力不同，可以分为高压储氢罐和常压储氢罐；根据储气状态不同，可分为固态、液态和气态储氢罐。储氢罐分类情况如图 4 –1 –17 所示。不同的储氢罐，其适用的场景也

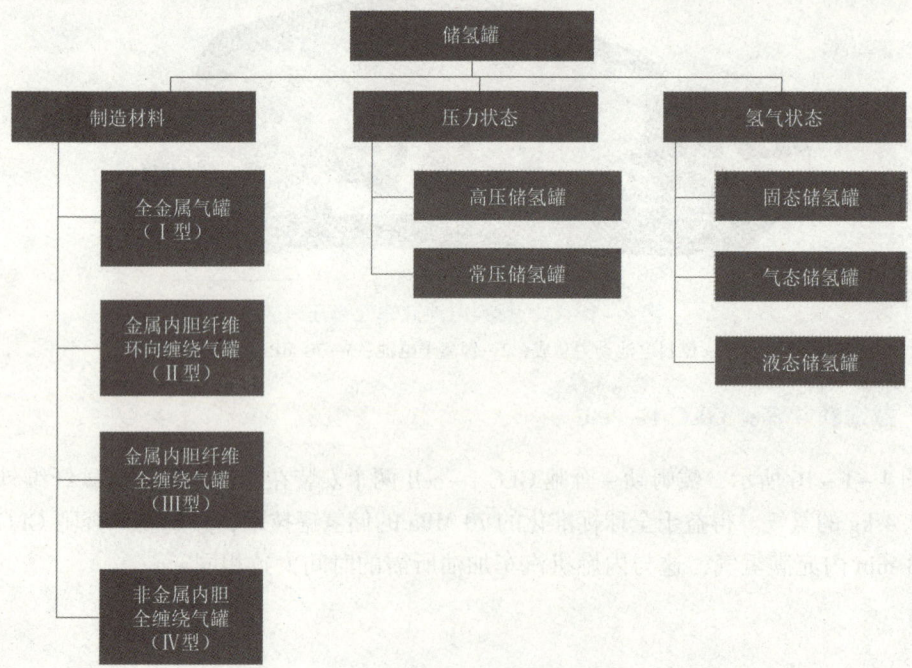

图 4 –1 –17　储氢罐分类情况

有所不同，Ⅰ和Ⅱ型较为成熟，都属于钢储氢罐，主要用于常温常压下大容量氢气存储；Ⅲ型和Ⅳ型主要是高压储氢罐，适用于燃料电池汽车、加氢站等，特别是Ⅳ型储氢罐具有优良的氢脆性能、低成本、高质量的储氢密度和循环寿命，已成为引领国际氢能汽车高压储氢容器的发展方向。不同储氢罐的特点见表 4 - 1 - 2。

表 4 - 1 - 2　高压储氢罐结构

项目	Ⅰ型	Ⅱ型	Ⅲ型	Ⅳ型
压力/MPa	17.5 ~ 20	26.3 ~ 30	30 ~ 70	70 以上
使用寿命/年	15	15	15 ~ 20	15 ~ 20
储氢密度	低	低	高	高
成本	低	中等	最高	高
应用情况	加氢站等固定式储氢应用		车载储氢应用	

二、储氢罐的结构与强度

Ⅲ型储氢罐将铝与碳复合材料结合在一起，形成一种既不透氢又耐高压的储氢罐，如图 4 - 1 - 18 所示。铝与氢直接接触，而碳纤维与环氧树脂的复合材料提供了额外的机械强度。对市售的Ⅲ型储氢罐，其使用周期为 10 年，有两种主要工作压力：35 MPa 和 70 MPa。对在 35 MPa 下储存 5 kg 氢气的储氢罐，罐容积为 213.5 L，重量（不包括氢气）为 91.6 kg；对在 70 MPa 下储存 5 kg 氢气的储氢罐，罐容积为 125.9 L，储氢罐重量（不包括氢气）为 150.8 kg。

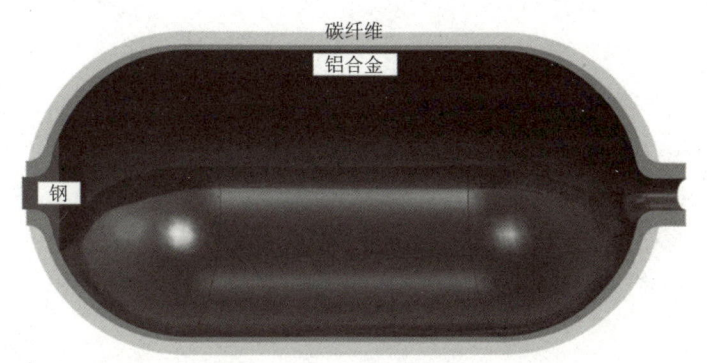

图 4 - 1 - 18　Ⅲ型储氢罐结构

Ⅳ型储氢罐与Ⅲ型储氢罐具有相似的结构，但用高密度聚合物代替铝作为内衬材料，以减轻储氢罐的重量，如图 4 - 1 - 19 所示。此外，一些制造商选择相对较薄的聚合物层，并在碳复合材料周围添加玻璃纤维层以提高机械性能。与Ⅲ型储氢罐相比，Ⅳ型储氢罐重量优势更加显著。对于在 70 MPa 下储存 5 kg 氢气的储氢罐，容积仍为 125.9 L，但储氢罐重量（不包括氢气）减小到 96 kg。

Ⅰ和Ⅱ型金属氢化物罐不是将氢气作为压缩气体储存，而是依靠金属氢化物粉末对氢的吸收来对其进行储存。因此，这种罐不需要高的工作压力（低于 10 MPa）。然而，若金属粉末中可储存的氢气量被限制在质量的百分之几，则需要填充大量的金属氢化物。因此，一个

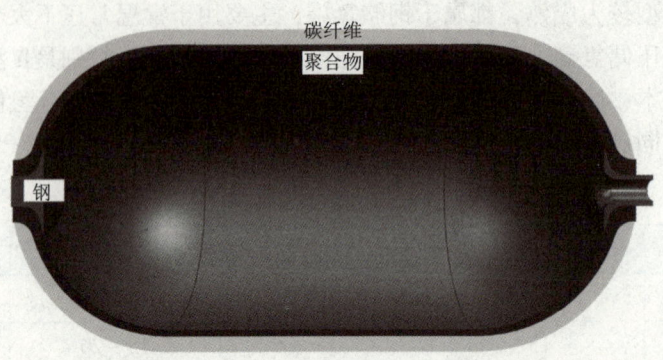

碳纤维

聚合物

钢

图 4 - 1 - 19　Ⅳ型储氢罐结构

储存 5 kg 氢气的储氢罐重约 716 kg，其中 222 kg 为金属氢化物，278 kg 为钢制外壳，其体积约为 141 L。显然其重量不适合车用，但适度压力和完全无泄漏的安全优势使其适用于固定应用。

任务四　氢燃料电池汽车动力系统配置方案

学习目标

1. 了解氢燃料电池汽车常见动力配置方案的类型；
2. 能够识别不同的氢燃料电池汽车动力方案，并描述其特点。

引导问题

氢燃料电池汽车以其清洁、高效的特性逐渐成为公认的最有前途的新能源汽车，然而燃料电池汽车存在输出特性较软、成本过高、起动困难以及瞬态响应性差等特点。因此，在以燃料电池为主要动力源的汽车动力系统设计中，需要配置辅助设备，以提高整车的性能和效率。那么燃料电池汽车常见的动力配置方案有哪些？氢燃料电池的电能又是通过怎样的路径输出到电动机上的呢？

任务工单

任务名称	氢燃料电池汽车动力系统配置方案	班级		日期	
小组成员		组号		组长	
实训教室		设备		课时	
任务描述	通过对比不同氢燃料电池汽车的动力系统配置方案，分析其优缺点，找到目前氢燃料电池汽车采用的主流方案，并分析氢燃料电池电能的输出路径。				
学习目标	一、总目标 1. 了解 6 种不同氢燃料电池汽车动力系统的配置方案，分析其优缺点； 2. 掌握氢燃料电池电能的输出路径。 二、专业能力目标 1. 能够分析氢燃料电池汽车各种动力系统配置方案的特点； 2. 能够分析常见氢燃料电池电能的输出路径。 三、方法能力目标 1. 能够通过网络或图书搜集相关资料； 2. 能够填写任务工单，制定工作计划。				

职业能力四　学会燃料电池汽车构造与原理

学习目标	四、社会能力目标 1. 能够组织小组成员开展研讨分析； 2. 能够和小组成员一起分工协作，完成既定任务； 3. 能够有条理地表达自己的观点； 4. 能够形成良好的职业道德和安全环保意识。
资讯收集	1. 氢燃料电池汽车常见的动力配置方案有哪些？各有什么特点？ 2. 氢燃料电池电能输出路径是怎样的？ 3. 氢燃料电池汽车动力方案的配置有哪些原则？
决策与计划	请根据任务要求，制定任务实施计划，确定所需要的检测仪器、工具，并对小组成员进行合理分工。 1. 需要的设施、仪器、工具 _____ _____ 。 2. 小组成员分工 _____ 。 3. 实施计划 _____ _____ 。

实施	根据任务要求填写实施方案或操作步骤。			

检查与评估	评价指标		组内自评	组间互评	教师评价
	方法能力和社会能力（__%）	劳动态度（__分）			
		工作纪律（__分）			
		安全操作（__分）			
		环境保护（__分）			
		团队协作（__分）			
	专业能力（__%）	任务方案（__分）			
		实施步骤（__分）			
		完成结果（__分）			
		任务工单完成（__分）			
	合计得分				
	本次最终得分（组内自评__% + 组间互评__% + 教师评价__%）				

知识材料

一、氢燃料电池汽车常见的动力配置方案

氢燃料电池汽车动力总成的配置方案按驱动形式，可分为纯氢燃料电池驱动（PFC）、氢燃料电池＋蓄电池驱动（FC＋B）、插电式等多种。

1. 纯氢燃料电池驱动（PFC）方案

纯氢燃料电池驱动方案如图 4 - 1 - 20 所示。该方案的动力源为燃料电池单一动力源，汽车所有功率负荷均由燃料电池承担。这种类型的优点是结构简单，整车装备质量轻，控制实现相对容易。但是其存在以下缺点：

（1）燃料电池的功率大，成本昂贵；

（2）需要很高的燃料电池系统动态性能和可靠性；

（3）不能对制动能量进行回收；

（4）冷起动时间长；

（5）电池堆不允许电流双向流动。

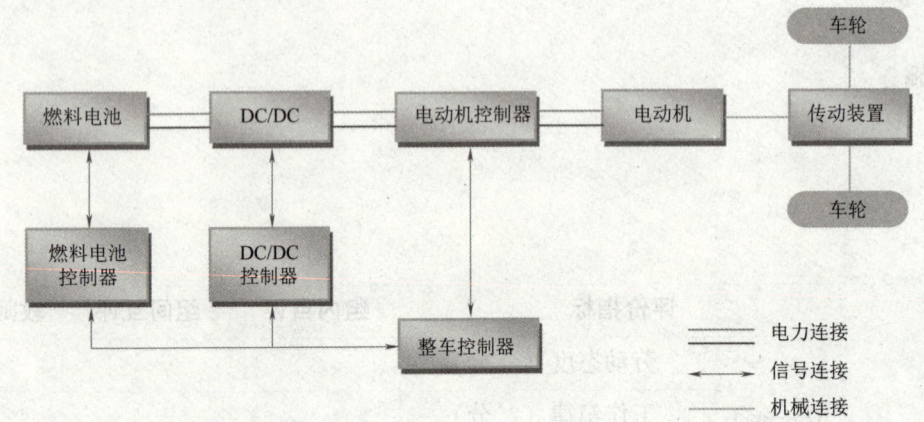

图 4-1-20　纯氢燃料电池动力配置方案

如果增加辅助设备，则上述问题可以解决。

2. 氢燃料电池+蓄电池驱动（FC+B）方案

氢燃料电池+蓄电池驱动（FC+B）方案的驱动方式为：蓄电池组配合氢燃料电池系统作为能量供应系统，共同为整车提供能量进行混合驱动，能量供给系统提供的电能经过电动机驱动系统转化成机械能传递到传动系统，该驱动方案示意图如图 4-1-21 所示。在爬坡、加速等功率需求较大的工况下，氢燃料电池和蓄电池共同输出能量，延长了氢燃料电池的使用寿命；在减速、制动等功率需求较小的工况下，电池管理系统还能控制制动能量回收到蓄电池。这种驱动方案对氢燃料电池动态特性及功率要求较低，冷起动性能较好，可靠性高。目前此种驱动方案应用相对广泛。

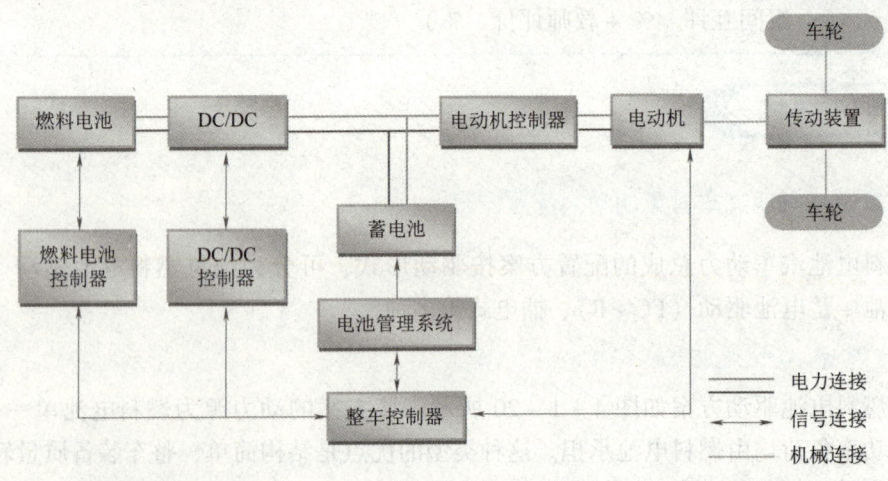

图 4-1-21　氢燃料电池+蓄电池驱动方案

3. 插电式动力配置方案（Plug-in FC+B）

插电式动力配置方案有纯氢燃料电池驱动和混合驱动两种驱动模式，蓄电池可利用外部电网进行充电，代表车型是上汽荣威950。这种动力配置方案不仅能够发挥氢燃料电池汽车低速性能好的优势，有效解决车辆起停和排放问题，还能较好地解决氢燃料电池汽车性能、配置和成本三者之间的矛盾。这种动力系统配置方案示意图如图4-1-22所示。

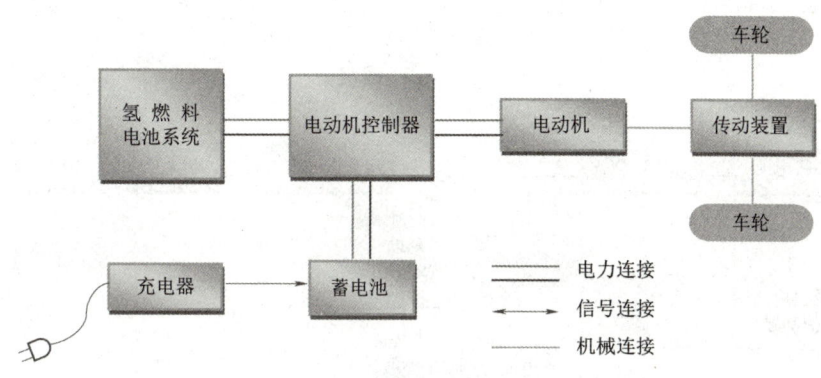

图4-1-22　插电式氢燃料电池汽车动力方案

4. 燃料电池+超级电容驱动（FC+C）

燃料电池+超级电容动力配置方案如图4-1-23所示。与燃料电池+蓄电池混合驱动FCEV相比结构类似，即用超级电容代替了蓄电池，超级电容和蓄电池所起的作用类似。蓄电池寿命短、成本高、使用要求复杂，而超级电容具有较高的功率密度和较低的能量密度，它允许较大的充放电电流，并且充电速度比电池快。

采用超级电容的突出优点是寿命长和效率高，改善了整车的瞬态特性，使得电动机负载对燃料电池系统的冲击有所减免，提高了燃料电池工作的稳定性，延长了工作寿命。同时系统的结构得以简化，降低了整车的质量，使用成本也有所减少。而且其瞬时功率较辅助电池大，汽车起动起来比燃料电池加电池模式更容易。但是超级电容的能量密度比较低，而由于电压与其荷电状态的关联性，控制其充放电电流，增加放电时间比较困难，维护费用高。

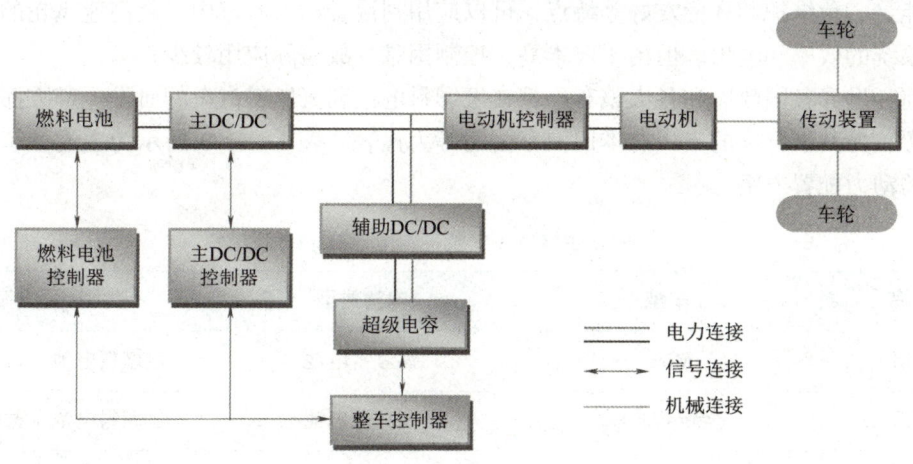

图4-1-23　燃料电池+超级电容动力配置方案

5. 燃料电池+蓄电池+超级电容驱动（FC+B+C）

燃料电池+蓄电池+超级电容动力配置方案如图4-1-24所示。与燃料电池+蓄电池混合驱动相比，在电压总线上再并联一组超级电容，用于提供加速或吸收紧急制动的峰值电流，减轻蓄电池负担，延长其使用寿命。燃料电池所提供的功率占整车总需求功率的比例较小，燃料电池只能提供一部分车辆行驶需求功率，不足部分还需由其他动力源，如蓄电池或超级电容提供。

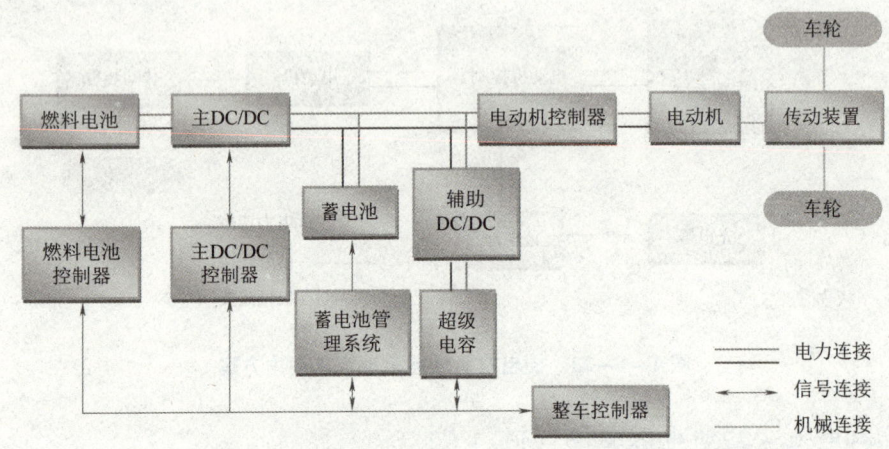

图4-1-24　燃料电池+蓄电池+超级电容动力配置方案

这种模式是目前燃料电池汽车混合动力驱动的理想模式。当汽车处于起动、爬坡、加速等工况时，辅助电池和超级电容可以配合或者单独提供峰值功率，能量分配更加合理。其优点就是燃料电池可常在系统效率较高的额定功率区域内工作，但是需配备较大容量的蓄电池，故整车自重增加，动力性变差，布置空间紧张。每次运行结束后，除要加注氢燃料外，还需用地面电源为电池充电，控制系统比较复杂，参数匹配困难。

6. 燃料电池+蓄电池+超高速飞轮

超高速飞轮是机械方式储能元件，具有高比能量、高比功率、长循环寿命、高效率、快速补充能量、免维护和环境友好等特点，可以应用到混合动力汽车中。超高速飞轮的加入可以提高系统的效率和输出。但由于成本高、控制困难，故实际应用较少。

目前，世界各国政府和各大整车厂都在氢燃料电池和氢燃料汽车的研发生产方面投入了大量资源，尤其以日本的丰田、本田汽车公司等为代表。表4-1-3所示为主流整车厂目前所采用的动力配置方案。

表4-1-3　主流整车厂氢燃料电池汽车动力方案

品牌	车型	电池类型	动力配置方案
丰田	Mirai	镍氢蓄电池	氢燃料电池+蓄电池
本田	全新 Clarity	锂离子电池	氢燃料电池+蓄电池
现代	ix35 FC	锂离子电池	氢燃料电池+蓄电池

品牌	车型	电池类型	动力配置方案
上汽荣威	荣威 950	磷酸铁锂电池	插电式
上汽大通	FC V80	磷酸铁锂电池	氢燃料电池 + 蓄电池
北汽福田	BJ6851 客车	磷酸铁锂电池	氢燃料电池 + 蓄电池
宇通客车	F10	磷酸铁锂电池	氢燃料电池 + 蓄电池
格罗夫	格罗夫 Granite FC	锂离子电池	氢燃料电池 + 蓄电池

拓展学习

一、驱动电动机的分类

电动机驱动系统是把电能转化成机械能，从而驱动车辆行驶的核心系统，它的性能直接决定氢燃料电池汽车的动力性。电动机驱动系统由电动机和控制器两部分组成，电动机控制器通过接收来自加速踏板、制动踏板及换挡面板的输出信号，改变驱动电动机的转速，从而控制车速。

驱动电动机是所有电动汽车必不可少的关键部件。根据驱动电动机的结构及工作原理的不同，车用电动机可按如图 4 - 1 - 25 所示的方式来分类。

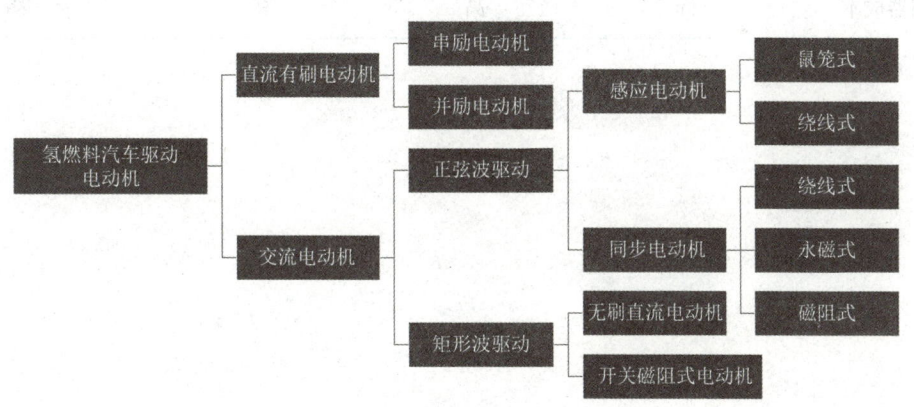

图 4 - 1 - 25　氢燃料电池汽车驱动电动机的分类

二、各类电动机的性能对比

目前常用的电动机驱动系统有直流电动机驱动系统、交流感应电动机驱动系统、永磁同步电动机驱动系统和开关磁阻电动机驱动系统。随着科技的发展和制造水平的提高，各类电动机驱动系统都有较大的技术进步，各类电动机在实际中都有应用，在电动汽车及氢燃料电池汽车中的应用也越来越普遍。不同结构的驱动电动机具有不同的特点，各种驱动电动机的基本性能比较见表 4 - 1 - 4。

职业能力四　学会燃料电池汽车构造与原理

表 4 – 1 – 4 各种驱动电动机特点的比较

项目	直流电动机	交流感应电动机	永磁同步电动机	开关磁阻电动机
功率密度	低	中	高	较高
过载能力/%	200	300 ~ 500	300	300 ~ 500
峰值效率/%	85 ~ 89	94 ~ 95	95 ~ 97	90
负荷效率/%	80 ~ 87	90 ~ 92	97 ~ 85	90
功率因素/%	—	90 ~ 92	85 ~ 97	78 ~ 86
恒功率区/%	—	82 ~ 85	90 ~ 93	60 ~ 65
转速/ (r · min^{-1})	4 000 ~ 6 000	12 000 ~ 20 000	4 000 ~ 10 000	最高转速 > 15 000
可靠性	一般	好	较好	好
结构的坚固性	差	好	一般	较好
电动机的外形尺寸	大	中	小	小
电动机质量	重	重	轻	轻
控制操作性能	最好	好	好	好
控制器成本	低	高	高	一般

项目二　燃料电池汽车电池堆总成的工作原理分析

任务一　氢气与空气供给子系统结构认知

学习目标

1. 了解燃料电池汽车供氢系统的类型和结构。
2. 了解空气供给系统的作用和特点。

引导问题

氢气供应子系统是对输入到电池堆的燃料进行物理处理，使氢气成为适合在燃料电池堆内反应的富氢气体，确保燃料电池堆阳极侧燃料温度、压力及流量符合反应要求，提高氢气的利用率。而阴极侧也要求空气需要具有一定压力、流量以及湿度。那么，怎样的子系统才能保障阴、阳两极气体反应能够达到要求呢？

任务工单

任务名称	氢气与空气供给子系统结构认知	班级		日期	
小组成员		组号		组长	
实训教室		设备		课时	
任务描述	通过对比两种车载氢气供应子系统，分析氢气在燃料电池汽车上的输送路线。同时，了解空气供给子系统的作用和结构。				
学习目标	一、总目标 1. 能够对比与分析车载储氢式和制氢式两种供氢子系统的结构； 2. 了解两种供氢方式的氢气输送路线； 3. 了解空气供给子系统的结构组成和主要功用。 二、专业能力目标 1. 能够分析车载储氢式供氢系统的结构布局； 2. 能够分析车载制氢式供氢系统的结构布局； 3. 能够了解空气供给子系统的主要结构。 三、方法能力目标 1. 能够通过网络或实车了解车辆氢气供给子系统和空气供给子系统的结构； 2. 能够识别燃料电池汽车不同氢气供给类型和供气路线； 3. 能够填写任务工单，制定工作计划。				

学习目标	四、社会能力目标 1. 能够组织小组成员开展研讨分析； 2. 能够和小组成员一起协作完成既定任务； 3. 能够养成良好的职业道德和安全环保意识。
资讯收集	1. 车载储氢式供氢系统是由哪些结构组成的？ 2. 车载制氢式供氢系统是由哪些结构组成的？ 3. 不同类型储氢系统的氢气输送线路有什么区别？ 4. 空气供给子系统是由哪些结构组成的？
决策与计划	请根据任务要求，制定任务实施计划，确定所需要的检测仪器、工具，并对小组成员进行合理分工。 1. 需要的设施、仪器、工具 _____ 。 2. 小组成员分工 _____ 。 3. 实施计划 _____ 。

	实施	根据任务要求填写实施方案或操作步骤。			
		评价指标		组内自评	组间互评	教师评价

		评价指标		组内自评	组间互评	教师评价
检查与评估	方法能力和社会能力（__%）	劳动态度（__分）				
		工作纪律（__分）				
		安全操作（__分）				
		环境保护（__分）				
		团队协作（__分）				
	专业能力（__%）	任务方案（__分）				
		实施步骤（__分）				
		完成结果（__分）				
		任务工单完成（__分）				
	合计得分					
	本次最终得分（组内自评__% + 组间互评__% + 教师评价__%）					

知识材料

　　氢气供应子系统也叫燃料处理系统，其主要作用是把输入的燃料进行增湿等相关处理，从而转变成适合在燃料电池堆内反应的富氢气体，保证燃料电池堆阳极侧温度、压力及流量（湿度），提高氢气的利用率。氢气供给系统主要包括氢气喷射器、氢气循环泵、氢气引射器等部件，氢气喷射器用来控制进入燃料电池堆的氢气压力及流量，并根据工况需求进行相应调整；氢气循环泵将燃料电池堆出口未发生反应的氢气循环至燃料电池堆入口，同时也将出口处的水汽循环至入口，在提升氢气利用率的同时也起到进气增湿的作用，并减少氢气排放，减小安全隐患。其结构如图 4-2-1 所示。

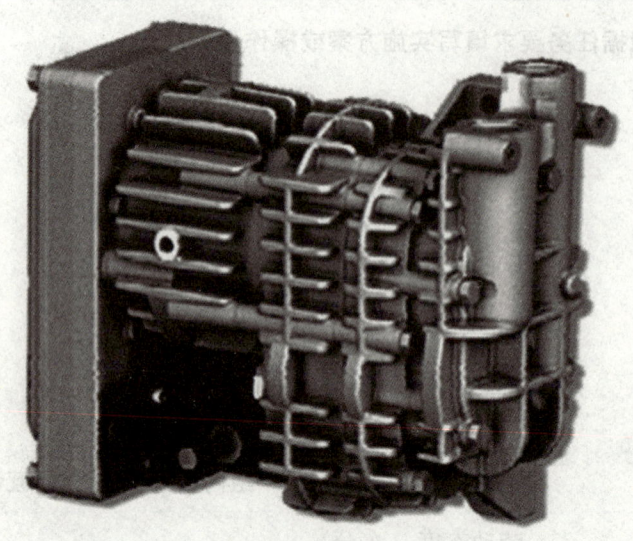

图 4 - 2 - 1 氢燃料电池汽车氢气喷射器

氢燃料电池汽车的供氢系统布置方式取决于整车的布置方式，图 4 - 2 - 2 和图 4 - 2 - 3 所示分别为车载储氢式和车载制氢式两种不同供氢系统氢燃料电池汽车的布置方案。

一、车载储氢式供氢系统

储氢式氢气供应系统将已经制备好的氢气预先存储在高压储氢罐中，使用时，从高压储氢罐中将氢气供应给氢燃料电池系统。当高压储氢罐内氢气不足时，需要从氢气补充站补充氢气。因此，车载储氢式供氢系统主要有加氢和供氢两个工作过程。车载储氢式供氢系统的结构如图 4 - 2 - 2 所示。

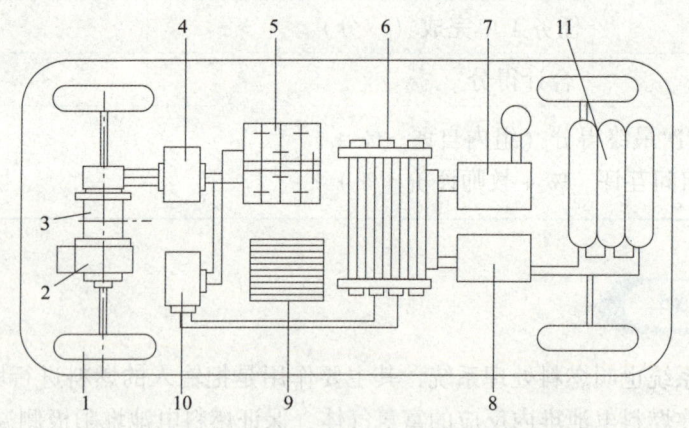

图 4 - 2 - 2 车载储氢式氢燃料电池汽车

1—车轮；2—传动系统；3—驱动电动机；4—功率逆变器；5—辅助电源（锂离子电池）；
6—燃料电池堆；7—空气分离制氧装置；8—氢气管理系统；9—整车控制器；
10—DC/DC 变换器；11—车载储氢罐

二、车载制氢式供氢系统

车载制氢是利用燃料处理器，用重整或部分氧化的方式从碳氢燃料中获得氢气。适合于车载制氢的燃料可以是醇类（甲醇、乙醇、二甲醚），也可以是烃类（柴油、汽油、甲烷等）。但是因为车辆行驶的动态过程对燃料的供应要求比较高，如汽车加速或上坡时，需要加大氢气供应量，而在低速或等待交通信号时，氢气的用量又很少，这就需要重整器具有极好的动态响应特性，否则不能满足车辆的要求。

车载制氢式供氢系统结构如图 4-2-3 所示。在甲醇蒸气重整制氢时，甲醇和热蒸气之间发生化学反应产生氢，经过 H_2 净化装置后进入电池堆。著名的原戴姆勒 - 克莱斯勒集团公司推出的 Necar 3、Necar 5 系列车型就是甲醇重整车，其也进行了超过 5 000 km 的示范。

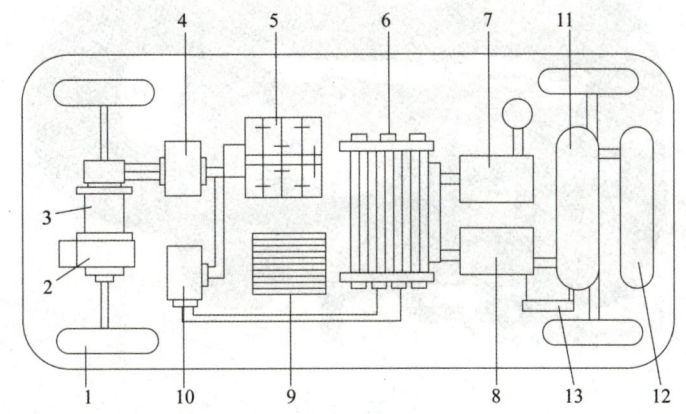

图 4-2-3　车载制氢式氢燃料电池汽车

1—车轮；2—传动系统；3—驱动电动机；4—功率逆变器；5—辅助电源（锂离子电池）；
6—燃料电池堆；7—空气分离制氧装置；8—氢气管理系统；9—整车控制器；
10—DC/DC 变换器；11—车载甲醇制氢装置；12—甲醇储存罐；13—H_2 净化装置

三、空气供给子系统

质子交换膜燃料电池的阴极燃料可以是空气或纯氧气。纯氧气一般应用于一些特殊的环境，例如缺乏空气来源的潜水艇燃料电池等，而普通车辆上的燃料电池一般采用空气作为阴极的燃料。使用空气作为氧化剂可以避免阴极燃料的提取和储存，可以简化进气系统的结构，降低系统成本。空气中其他惰性气体对燃料电池影响甚微。

车用燃料电池空气供给系统如图 4-2-4 所示，其主要由空气过滤器、空气压缩机、空气冷却器、加湿器等部件组成。空气过滤器的作用是阻止空气中的杂质进入电池堆，保证气体纯净。

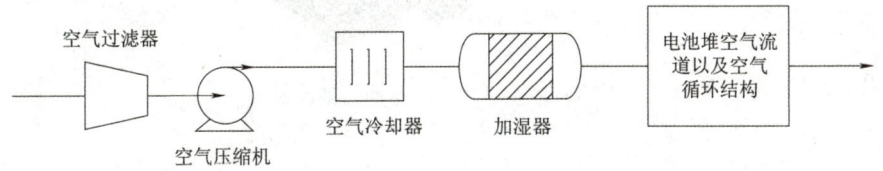

图 4-2-4　车用燃料电池空气供给系统示意图

空气压缩机是将常压下的空气增压到阳极氢气的压力，目的是增加燃料电池反应的效率和速率。燃料电池两侧的压力越大越好，这样效率更高，单位时间内产生的电流越大。质子交换膜燃料电池系统的典型工作压力为 1～3 MPa，空压机具有以下基本要求：

（1）无油。润滑油膜覆盖在质子交换膜上，会隔绝氧气和氢气的电化学反应。

（2）小型化和低成本，有利于产业化。

（3）低噪声，空压机的噪声是燃料电池发动机的主要噪声来源。

（4）特性范围宽，动态响应快，满足环境温度、海拔高度变化需求，在每个工况下都能够及时提供适合的压缩空气。

图 4-2-5 所示为某燃料电池的空压机。

图 4-2-5　某燃料电池的空压机

空气冷却器将从空气压缩机中出来的高温高压气体冷却到燃料电池正常工作温度，防止损伤燃料电池。

加湿器可以提高反应气体的湿度和燃料电池的性能。质子交换膜在工作温度较高时，水分的减少造成膜的质子电导率降低，从而引起质子交换膜电阻的增加，电池性能降低，加湿器可以给气体加湿，也可以控制温度。图 4-2-6 所示为某燃料电池的加湿器。

图 4-2-6　某燃料电池的加湿器

一、车载储氢系统的技术条件

车载储氢系统指从氢气加注口至燃料电池进口，与氢气加注、存储、输送、供给和控制有关的装置，其过程如图 4 – 2 – 7 所示。其中主关断阀是一种用于关断从储氢容器向该阀下游供应氢气的阀；储氢容器中的单向阀是储氢容器主阀中的一种，是用于防止氢气从储氢容器倒流回加注口的阀；压力调节器是将系统压力控制在设计范围内的阀；压力释放阀是当减压阀下游管路中压力反常增高时，通过排气而控制其压力在正常范围内的阀。

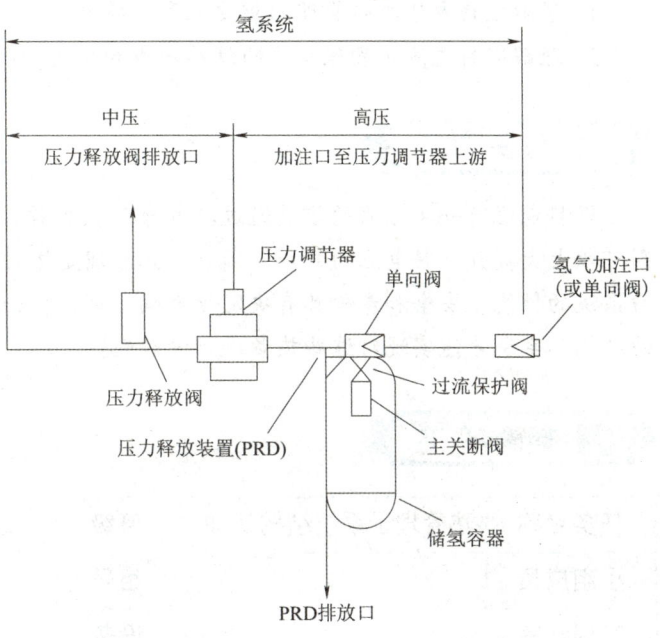

图 4 – 2 – 7　车载储氢系统局部示意图

氢气在电磁阀的控制下进入氢气输入管路，并通过减压阀减至中等压力。减压后的氢气在水汽分离器中除去所含的水分，留在水汽分离器中的水蒸气在排水阀的控制下通过水蒸气排气管排放至车外。

当检测到储氢容器或管道内的压力反常降低或流量增大时，过流保护阀能自动关断来自储氢容器内的氢气供应。刚性管路应合理布置，距离车辆边缘的距离至少为 100 mm，并有适当的热绝缘保护，避免受排气管、消声器等热源的影响。未反应完全的氢气通过氢气再循环泵重新回到氢气输入系统中，使未反应的氢气回流。

接近氢燃料电池的中等压力氢气，通过减压阀进一步减压至氢燃料电池工作时所需的低压力氢气，经流量计与压力、温度和湿度传感器采集数据反馈至控制器后，进入氢燃料电池参与反应。

当压力释放阀排放氢气时，排放气体流动的方位和方向应远离人、电源、火源，放气装置应尽可能安装在汽车的高处，且应防止排出的氢气对人员造成危害，并避免流向暴露的电气端子、电器开关器件或点火源等部件。

任务二　热管理子系统结构认知

学习目标

1. 了解燃料电池堆热管理的重要性和必要性；
2. 理解燃料电池热管理系统的结构组成和功用。

引导问题

　　燃料电池有一半左右的热量通过冷却介质损失掉，如果这部分热量能够回收和再利用，则可以大大提升燃料电池的效率。因此，热管理是燃料电池系统的关键技术之一，对整车动力系统的性能、安全和寿命具有决定性影响。那么，如何对这些热量进行有效管理呢？怎样的结构和系统才能实现对这些热量进行管理呢？

任务工单

任务名称	热管理子系统结构认知	班级		日期	
小组成员		组号		组长	
实训教室		设备		课时	
任务描述	分析燃料电池热量产生机理，总结提高电池堆能量利用率的措施，理解热管理子系统的主要部件和结构。				
学习目标	一、总目标 　　能够分析燃料电池堆热量产生的机理，通过分析影响动力系统性能、安全和寿命的因素理解对热量进行管理的重要性和必要性，进而归纳出热量管理子系统所需的主要部件和结构。 二、专业能力目标 　　1. 能够识别燃料电池堆的结构组成； 　　2. 能够分析燃料电池热量产生的机理。 三、方法能力目标 　　1. 能够通过网络或教材搜集资料； 　　2. 能够通过小组研讨来分析和解决问题； 　　3. 填写任务工单，制定工作计划。 四、社会能力目标 　　1. 能够组织小组成员开展研讨和分析会议； 　　2. 能够和小组成员分工协作完成既定任务； 　　3. 能够形成良好的职业道德和安全环保意识。				

资讯收集	1. 为什么要对燃料电池堆进行热管理？ 2. 燃料电池热管理系统由哪些结构组成？ 3. 燃料电池汽车热管理的核心部件有哪些？
决策与计划	请根据任务要求，制定任务实施计划，确定所需要的检测仪器、工具，并对小组成员进行合理分工。 1. 需要的设施、仪器、工具 _____ _____。 2. 小组成员分工 _____ _____。 3. 实施计划 _____ _____。

实施	根据任务要求填写实施方案或操作步骤。			

检查与评估		评价指标	组内自评	组间互评	教师评价
	方法能力和社会能力（__%）	劳动态度（__分）			
		工作纪律（__分）			
		安全操作（__分）			
		环境保护（__分）			
		团队协作（__分）			
	专业能力（__%）	任务方案（__分）			
		实施步骤（__分）			
		完成结果（__分）			
		任务工单完成（__分）			
		合计得分			
	本次最终得分（组内自评__% + 组间互评__% + 教师评价__%）				

知识材料

一、燃料电池堆热量的产生机理

　　热管理子系统的作用是维持燃料电池系统的热平衡，回收多余的热量，并在燃料电池系统启动时进行辅助加热，保证燃料电池堆内部快速到达适宜的工作温度区间，保障阴、阳极两侧在最佳的温度范围内工作。

　　在燃料电池中，相当一部分的燃料能量转化为热量。燃料电池有一半左右的热量通过冷却介质损失掉，如果这部分热量能够被回收及再利用，则可以大大提升燃料电池效率。此外，每种类型的燃料电池都需要电池堆保持在一定的温度区间内才能正常工作，这也要求燃料电池装配有效的热管理系统。不同类型燃料电池的工作温度对比如图 4-2-8 所示，其中图 4-2-8（a）表示不同燃料电池的工作温度、效率、系统复杂性、制造成本和材料成本之间的关系。

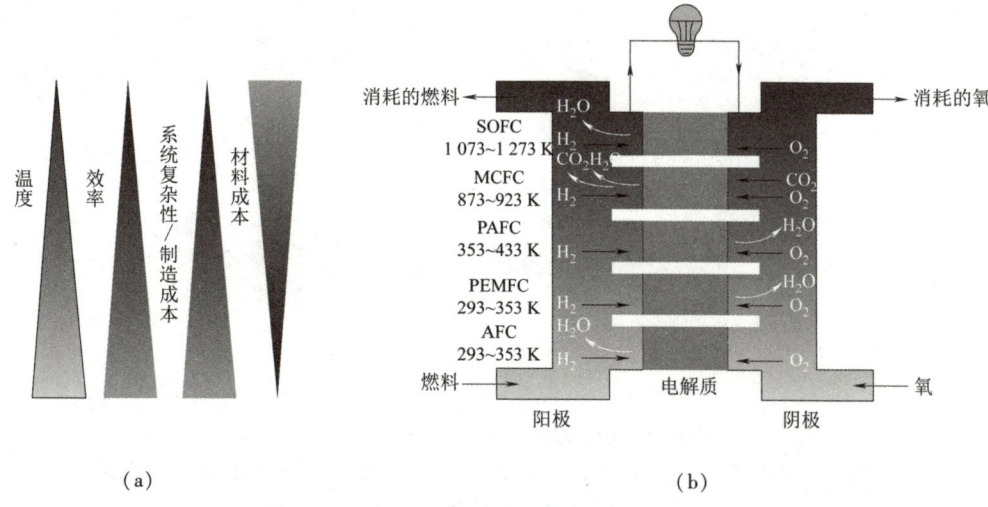

（a）   （b）

图 4 - 2 - 8　不同类型燃料电池工作温度的比较

　　燃料电池热量产生的机制如图 4 - 2 - 9 所示。燃料电池在进行电化学反应时，因伴随着以下几个环节，故会产生热量：发生在电极表面电荷转移的电化学反应、电极和电解质界面处电解质的扩散和对流、导致反应物浓度降低而产生的电池内阻、电池端子处的接触电阻等。此外，反应产生水蒸气的冷凝过程中也会产生一定的热量。

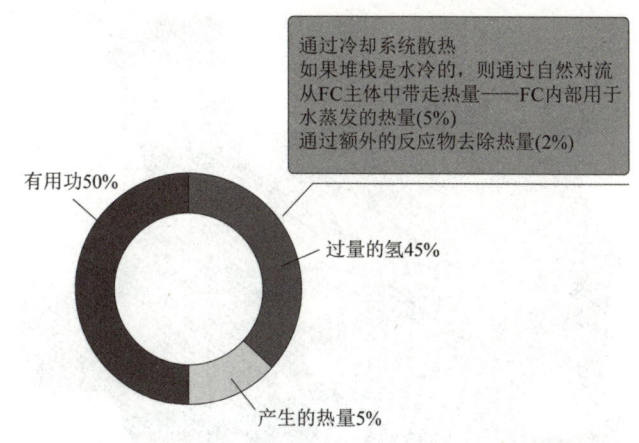

通过冷却系统散热
如果堆栈是水冷的，则通过自然对流
从FC主体中带走热量——FC内部用于
水蒸发的热量(5%)
通过额外的反应物去除热量(2%)

有用功50%

过量的氢45%

产生的热量5%

图 4 - 2 - 9　质子交换膜燃料电池堆的输出

二、燃料电池热管理系统结构

　　氢燃料电池的热管理系统是将电堆反应生成的热量排出系统外，使电堆维持在最适宜的温度工作。因为高温、干燥、水淹和低温都会对燃料电池产生不利影响，故热管理是燃料电池动力系统的关键技术之一，对整车动力系统的性能、安全和寿命具有决定性影响。因此，需要对电池堆的温度、质子交换膜含水量进行监控，并快速调整电池堆的冷却策略及加湿策略，使燃料电池堆工作在适宜的温度和湿度下。当温度过高时，电池堆能够有效冷却；当温度过低时，电池堆能实现低温快速冷启动。图 4 - 2 - 10 所示为一个典型的氢燃料电池热管理系统结构图。

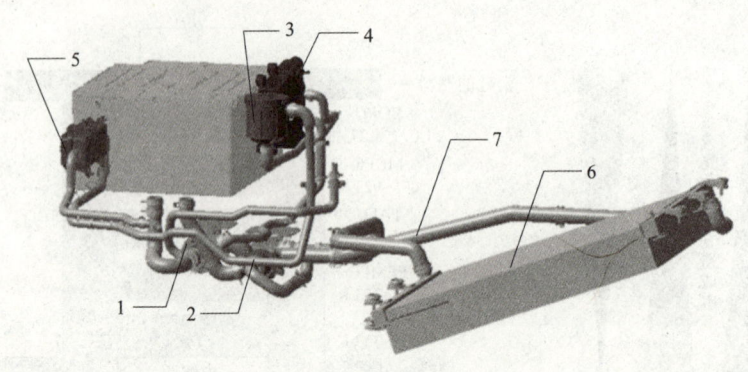

图 4 – 2 – 10 燃料电池热管理系统结构图

1—水泵；2—节温器；3—去离子器；4—中冷器；5—水暖 PTC；6—散热器；7—冷却管路

　　水泵是氢燃料电池热管理系统的"心脏"，它给系统冷却液做功，使冷却液循环。一旦电池堆温度升高超过限制，冷却水泵就会加大冷却液的流速来给电池堆降温。为了保证电池堆产生的热量能够快速、有效的散发，水泵自身也要具备很高的"素质"，大流量、高扬程、绝缘及更高的 EMC 能力是必不可少的。此外，水泵还需要实时反馈当前的运行状态或故障状态。图 4 – 2 – 11 所示为某燃料电池的热管理水泵。

图 4 – 2 – 11 燃料电池热管理水泵

　　电子节温器的作用是通过调节开度来调节散热系统中大小循环的水流量，以实现精准温控。图 4 – 2 – 12 所示为某燃料电池的热管理电子节温器。

　　中冷器的作用是冷却来自空压机的压缩空气，它通过冷却液和空气的热交换来降低压缩空气温度，使进入电池堆的空气温度在合理的范围内。中冷器的特点是热交换量大，清洁度要求高及离子释放率低。图 4 – 2 – 13 所示为某燃料电池的热管理中冷器。

　　氢燃料电池在运行过程中，冷却液的离子含量会增高，使其电导率增大，系统绝缘性降

图 4 - 2 - 12　燃料电池热管理电子节温器

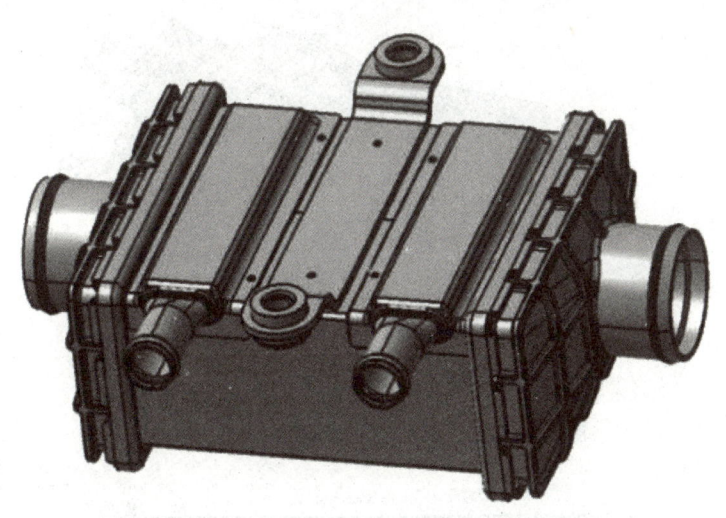

图 4 - 2 - 13　燃料电池热管理中冷器

低，去离子器就是用来改善这种现象的。通过吸收热管理系统中零部件释放的阴、阳离子，去离子器能够降低冷却液的电导率，使系统处于较高的绝缘水平。它的要求是离子交换量大、吸收离子速率快，同时成本低。图 4 - 2 - 14 所示为某燃料电池的热管理去离子器。

水暖 PTC 是在低温冷启动时给冷却液辅助加热的，在环境温度较低的情况下，燃料电池面临低温挑战。水暖 PTC 可以使冷却液尽快达到需求的温度，以缩短燃料电池系统冷启动时间。其要求是响应快、功率稳定。图 4 - 2 - 15 所示为某燃料电池的热管理 PTC 加热器。

散热器的作用是散热，其可将冷却液的热量传递给环境，并要求散热量大、清洁度高、离子释放率低。散热器风扇要求风量大、噪声低、无级调速并需要反馈相应的运行状态。图 4 - 2 - 16 所示为某燃料电池的热管理散热器。

图 4 – 2 – 14　燃料电池热管理去离子器

图 4 – 2 – 15　燃料电池热管理 PTC 加热器

图 4 – 2 – 16　燃料电池热管理散热器

冷却管路作为氢燃料电池的"血管"，连接着各零部件，使冷却液形成完整的循环。与所有零部件要求一样，冷却管路要求具有绝缘性且有较高的清洁度。

图4-2-17所示为现代ix35燃料电池汽车热管理系统原理图，其主要由三个子系统组成：阳极热交换子系统、阴极热交换子系统和热交换子系统。

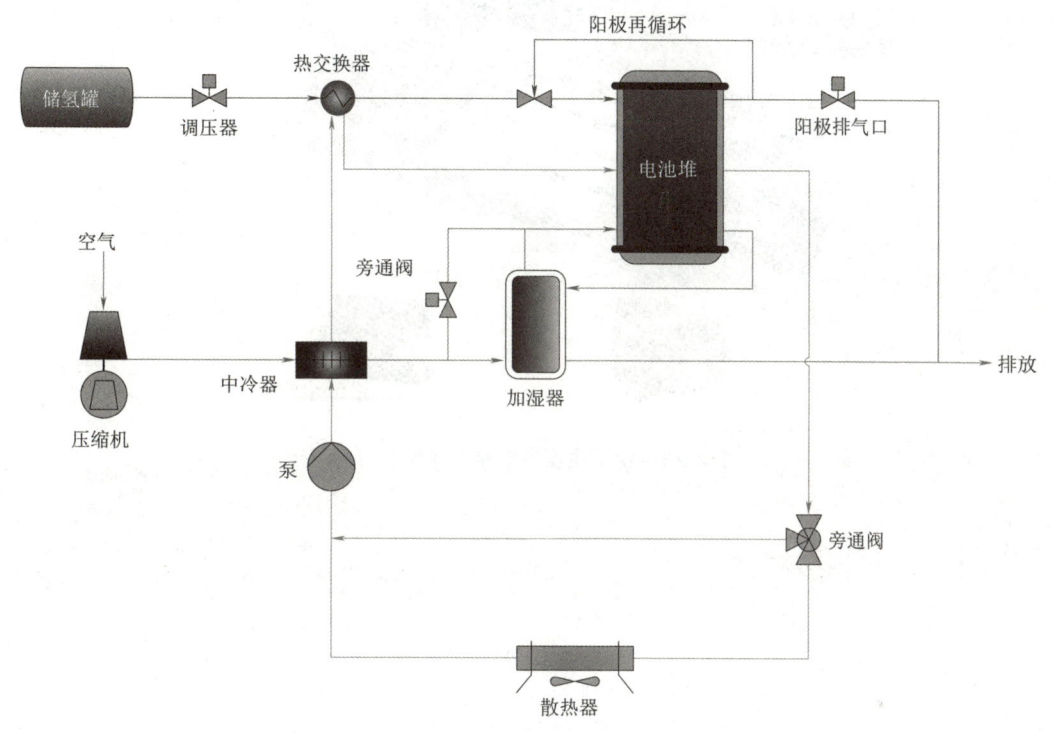

图4-2-17　典型燃料电池汽车热管理系统

拓展学习

一、传统汽车热管理系统

传统燃油车的热管理系统主要包括乘员舱制冷（空调冷媒）系统、乘员舱制热（发动机余热）系统、发动机冷却（冷却液）系统和变速箱冷却（冷却液）系统。

二、电动汽车热管理系统

随着电动汽车快充技术加速落地、电池能量密度持续提升，对电动汽车热管理也提出了更高的要求。电动汽车热管理涉及电气元件、乘客舱、电驱总成、动力电池等热过程管理。如图4-2-18所示，电动汽车热管理系统主要包括乘员舱制冷（空调冷媒）系统、乘员舱制热（电暖PTC或空调制热）系统、动力电池冷却（冷却液）系统、动力电池加热（电暖PTC或电机余热）系统、电机冷却（水冷/油冷）系统。电动汽车的电池热管理系统（BTMS）通过导热介质、测控单元以及温控设备构成闭环调节系统，使动力电池工作在合适的温度范围之内，以维持其最佳的使用状态。

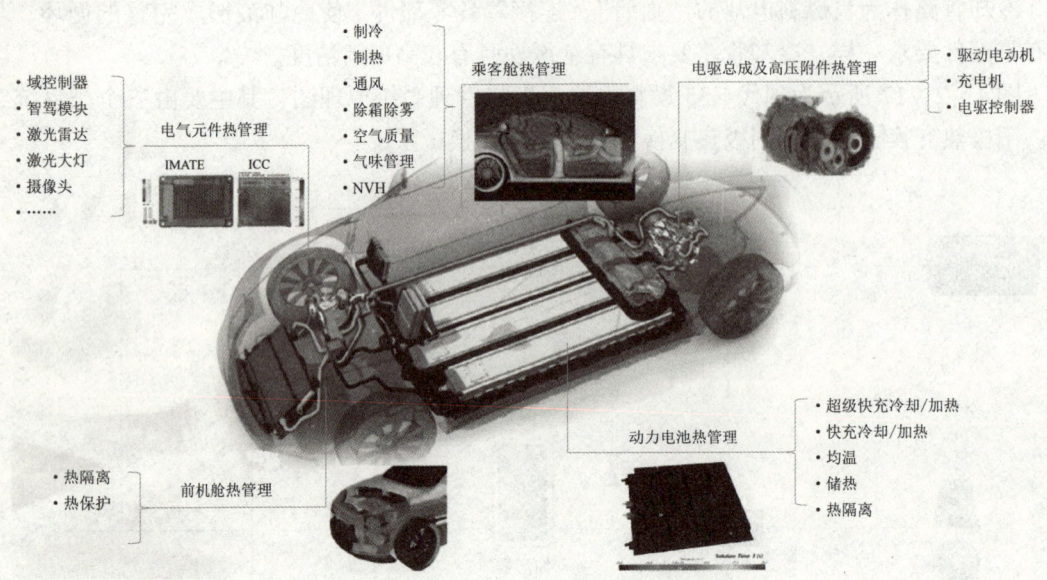

- 域控制器
- 智驾模块
- 激光雷达
- 激光大灯
- 摄像头
- ……

电气元件热管理

IMATE   ICC

- 制冷
- 制热
- 通风
- 除霜除雾
- 空气质量
- 气味管理
- NVH

乘客舱热管理

电驱总成及高压附件热管理

- 驱动电动机
- 充电机
- 电驱控制器

- 热隔离
- 热保护

前机舱热管理

动力电池热管理

- 超级快充冷却/加热
- 快充冷却/加热
- 均温
- 储热
- 热隔离

图 4-2-18　典型电动汽车热管理系统

任务三　电池堆工作原理分析

✓ 学习目标

1. 了解质子交换膜燃料电池反应过程和工作原理；
2. 能够识别质子交换膜燃料电池的单体结构。

引导问题

质子交换膜燃料电池（PEMFC）是现阶段国内外燃料电池主流应用技术，是燃料电池汽车迈入商业化进程的首选。随着我国氢能产业发展中长期规划的发布，在国家密集出台政策引导并鼓励氢产业发展的支持下，我国燃料电池汽车产业将步入快速发展阶段。那么，质子交换膜燃料电池反应过程和工作原理是怎样的呢？质子交换膜燃料电池堆的结构是怎样的呢？

任务工单

任务名称	电池堆工作原理分析	班级		日期	
小组成员		组号		组长	
实训教室		设备		课时	
任务描述	分析单电池与电池堆的结构特征，以丰田 Mirai 燃料电池汽车为例，识别和描述其燃料电池堆的结构组成与工作原理。				
学习目标	**一、总目标** 　能够识别质子交换膜燃料电池单体及电池堆的结构特征，分析其反应过程和工作原理。 **二、专业能力目标** 　1. 能够分析质子交换膜燃料电池的工作原理； 　2. 能够分析质子交换膜燃料电池堆结构和工作过程。 **三、方法能力目标** 　1. 能够通过网络或教材搜集相关资料； 　2. 能够填写任务工单，制定工作计划。 **四、社会能力目标** 　1. 能够组织小组成员开展研讨分析； 　2. 能够和小组成员一起协作完成既定任务； 　3. 能够较清晰地表述任务成果； 　4. 能够养成良好的职业道德和安全环保意识。				

职业能力四

学会燃料电池汽车构造与原理

资讯收集

1. 质子交换膜燃料电池的结构及其作用有哪些？

2. 质子交换膜燃料电池的反应过程和工作原理是怎样的？

3. 丰田 Mirai 燃料电池堆由哪些结构组成？

决策与计划

请根据任务要求，制定任务实施计划，确定所需要的检测仪器、工具，并对小组成员进行合理分工。

1. 需要的设施、仪器、工具

_____

_____ 。

2. 小组成员分工

_____

_____ 。

3. 实施计划

_____

_____

_____ 。

	根据任务要求填写实施方案或操作步骤。			
实施				

	评价指标		组内自评	组间互评	教师评价
检查与评估	方法能力和社会能力（__%）	劳动态度（__分）			
		工作纪律（__分）			
		安全操作（__分）			
		环境保护（__分）			
		团队协作（__分）			
	专业能力（__%）	任务方案（__分）			
		实施步骤（__分）			
		完成结果（__分）			
		任务工单完成（__分）			
	合计得分				
	本次最终得分（组内自评__% + 组间互评__% + 教师评价__%）				

📖 **知识材料**

一、质子交换膜（PEM）燃料电池工作原理

现阶段国内外燃料电池的主流应用技术是聚合物电解质膜（PEM）燃料电池。在质子交换膜燃料电池中，电解质膜夹在正极（阴极）和负极（阳极）之间，氢气被引入阳极，氧气（来自空气）被引入阴极。由于燃料电池的电化学反应将氢分子分裂成了质子和电子，质子穿过膜到达阴极，电子被迫通过外部电路进行工作（为电动汽车提供动力），然后与阴极侧的质子复合，质子、电子和氧分子在阴极侧结合形成纯水。其过程如图 4–2–19 所示。

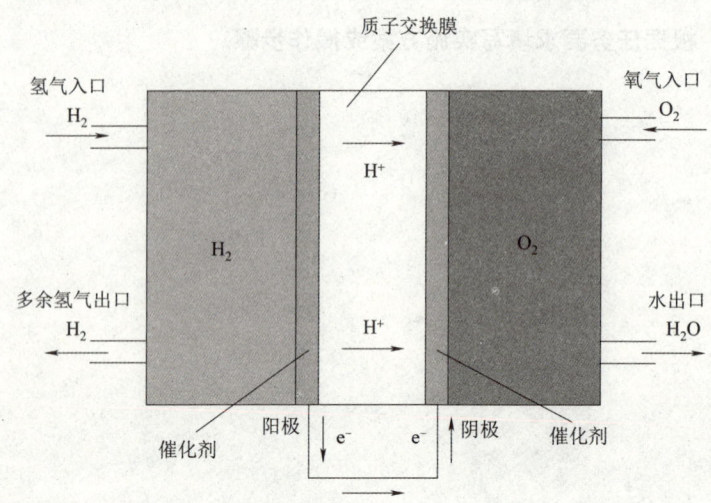

图 4 - 2 - 19　质子交换膜燃料电池的工作原理

从结构上来说，燃料电池单体主要由质子交换膜（PEM）、催化层（CL）、微孔层（MPL）、扩散层（GDL）、双极板（FFP）组成，其中的质子交换膜、阴极和阳极催化层、阴极和阳极气体扩散层组成膜电极（MEA），膜电极是燃料电池的主要结构，如图 4 - 2 - 20 所示。

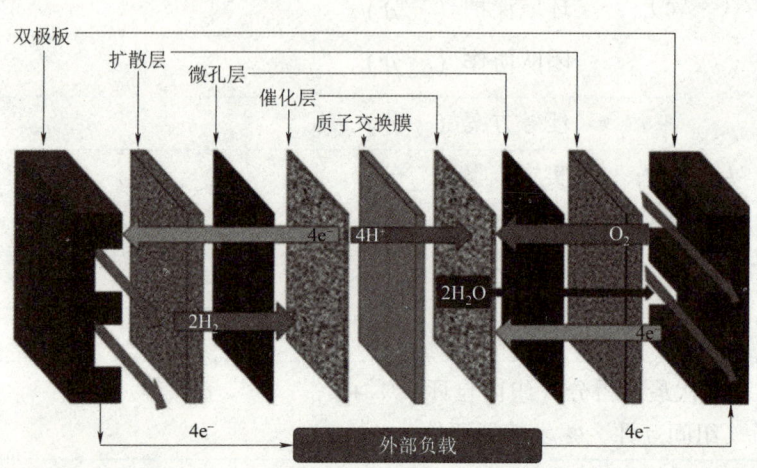

图 4 - 2 - 20　燃料电池单体结构

质子交换膜是燃料电池最重要的组件，它的微观结构较复杂，厚度一般为 0.05 ~ 0.18 mm，具备选择透过性，允许 H⁺ 通过并且阻止其他的分子（如氢气、氧气等反应气体）通过，但需要保持一定的水含量。

催化层是三相化学反应进行的场所，在反应过程中会产生大量的水，其内部结构复杂，而且是无规则的多孔结构，使得自身有较大的反应表面积，加速化学反应的进程。在催化层上分布着一种催化剂，通常是 Pt 或者 Pt/C 混合物。

微孔层是催化层和扩散层之间的微孔结构，它是一种特殊的溶液层，它的存在可以提高燃料电池水管理的特性，改善电池内部水分布的情况，防止出现水淹和干膜等现象。

气体扩散层是一种多孔的合成材料，一般由导电材料（一般为碳载体，如碳质、碳布等）制作而成，是反应气体通往催化层的通道。反应气体经过扩散层之后，其均匀性会得到明显的改善，进而使得反应平稳进行。

双极板是反应气体的通道载体，它与反应气体运输总管连接在一起，对气体起到均匀分配的作用。

集流板是固定在阴、阳极的一对镀金金属板材，具有高导电率，用来收集电子并进行导流，如果双极板同时是集流板，则不需要单独的集流板。

一般的燃料电池还需要布置液体冷却流道，流道中的液体主要是水与乙二醇的混合物，它们在流道中的往复循环会把电池产生的废热带走，从而控制电池的温度。

在质子交换膜燃料电池反应过程中，阴极、阳极分别通入空气和氢气，其阳极和阴极的电化学反应方程式分别为

在阳极（氢侧）： $$2H_2 \rightleftharpoons 4H^+ + 4e^-$$

在阴极（空气侧）： $$O_2 + 4H^+ + 4e^- \rightleftharpoons 2H_2O$$

所以质子交换膜燃料电池总的化学反应方程式为

$$2H_2 + O_2 \rightleftharpoons 2H_2O$$

二、燃料电池堆工作原理

单电池作为燃料电池的基本单元，理论电压为 1.2 V 左右，实际运行中有损耗，约为 0.7 V。燃料电池堆是由一系列单电池串联或并联后与其他必要的结构件连接而成并具有统一电输出的组合体，从而得到所需要的电压值，如图 4 - 2 - 21 所示。电池堆的主体为膜电极（MEA）、双极板、端板、密封件及相应的紧固件等，如图 4 - 2 - 22 所示，将双极板与膜电极交替叠合，并在各单体之间嵌入密封件，经前后端板压紧后，用紧固件紧固，即构成燃料电池堆，简称为电池堆。

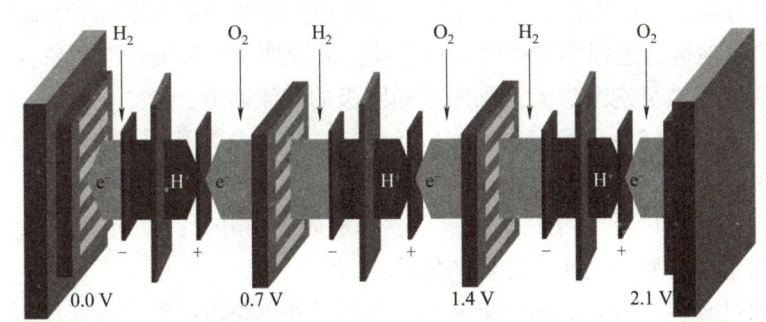

图 4 - 2 - 21　燃料电池堆电压值原理

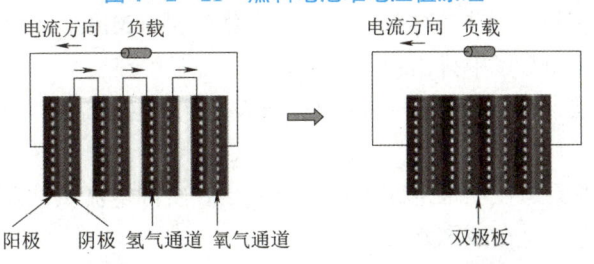

图 4 - 2 - 22　质子交换膜燃料电池堆的结构

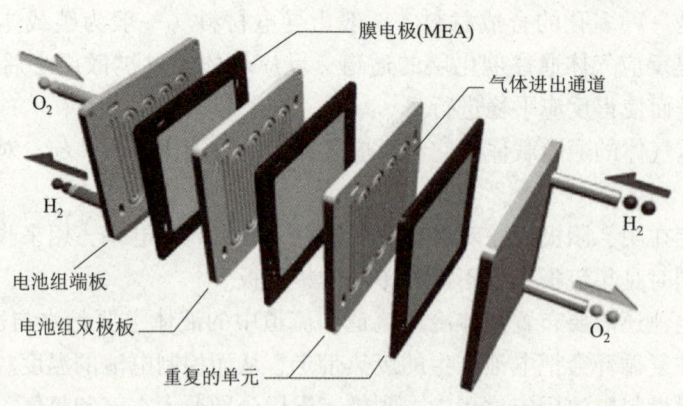

图 4 – 2 – 22　质子交换膜燃料电池堆的结构（续）

　　双极板的一端为阴单极板，可兼作电流导出板，为电池组的正极；另一端为阳单极板，也可兼作电流导入板，为电池组的负极，起到均匀配气、排水、导热、导电作用。在它上面除了布有反应气与冷却液进出通道外，双极板占整个燃料电池 60% 的重量和 20% 的成本。与最边缘的两块双极板相邻的是电池组的左、右端板，也称为夹板，主要用于控制接触压力，因此需要具有足够的强度和刚度。其周围布置有一定数目的圆孔，在组装电池时，圆孔内穿入螺杆，给电池组施加一定的组装力。

拓展学习

　　丰田 Mirai 燃料电池堆结构。

　　以丰田 Mirai 燃料电池汽车为例，其电池堆的结构和工作原理如图 4 – 2 – 23 所示。质子交换膜燃料电池作用过程很复杂，涉及传热、物质和电荷传输、多相物质流动和电化学反应。燃料电池运行期间，这些物理现象及其与材料相关特性的基本原理对其耐用性和成本至关重要。在燃料电池运行过程中包括以下物理场、非线性传输和电化学现象：

　　（1）氢气和空气被分别泵送流入到阳极和阴极的气流通道；

　　（2）氢气和氧气流经各自的多孔气体扩散层（GDL）及微孔层（MPL），并扩散到各自的催化层（CL）中；

　　（3）氢气在阳极催化层（CL）处被氧化，形成质子和电子；

　　（4）质子与水通过质子交换膜迁移和传输；

　　（5）电子通过碳载体传导到阳极集流板，再通过外电路传导到阴极集流板；

　　（6）氧气在阴极催化层（CL）被质子和电子还原而生成水；

　　（7）产物水通过阴极气体扩散层（GDL）及微孔层（MPL）流出阴极催化层（CL），最终从阴极气流通道（GFC）中排出；

　　（8）在阴极催化层（CL）缓慢的氧还原反应中会产生热量，并通过碳载体和双极板（FFP）传导出电池。

　　此外，以上传输现象是在三维空间中进行的，当在实际电流负载及相对高的入口湿度下运行时，燃料电池内还会存在液态水。

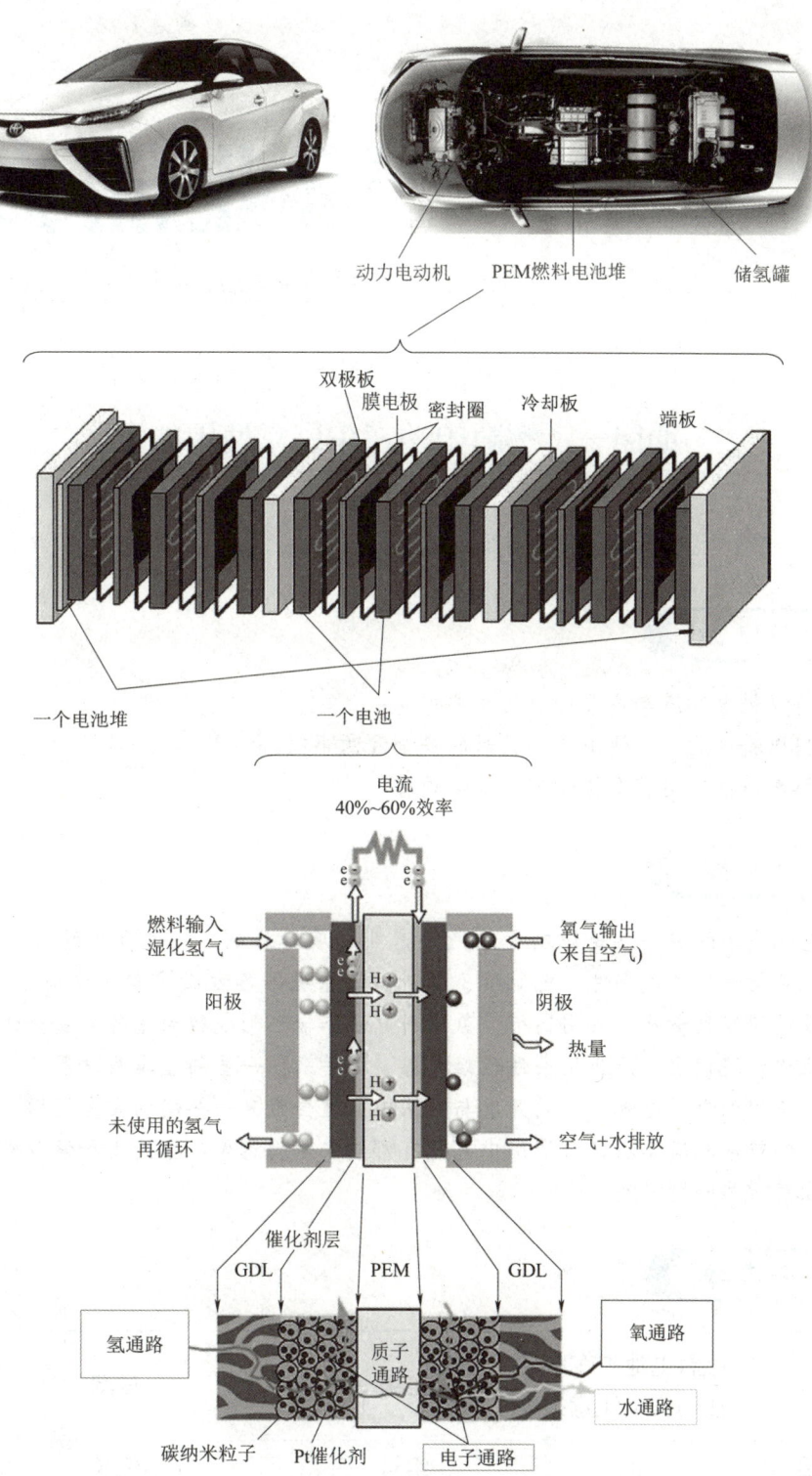

动力电动机　PEM燃料电池堆　储氢罐

双极板
膜电极　密封圈　冷却板　端板

一个电池堆　一个电池

电流
40%~60%效率

燃料输入
湿化氢气
阳极

氧气输出
（来自空气）
阴极
热量

未使用的氢气
再循环

空气+水排放

催化剂层
GDL　PEM　GDL

氢通路
质子
通路

氧通路

水通路

碳纳米粒子　Pt催化剂　电子通路

图 4 – 2 – 23　质子交换膜燃料电池电堆构成分解

职业能力五

注意燃料电池汽车使用安全

项目一　燃料电池汽车日常使用须知

任务一　燃料电池汽车日常使用安全注意须知

✓ 学习目标

1. 了解燃料电池汽车日常检查的主要内容；
2. 掌握燃料电池汽车使用与停放时的安全注意事项；
3. 了解燃料电池运营车辆管理的主要内容。

引导问题

　　燃料电池汽车的安全性是燃料电池汽车产业发展的基础。经过多年的实际示范运营证明，各企业从材料、关键部件、电池堆、燃料供给系统等各方面采取的安全措施是可靠的。目前，从设计研发到量产、应用运行，氢燃料电池车辆已形成较为完备的安全体系，燃料电池汽车商业化、规模化、产业化条件已经具备。近年来，一些新型车载储氢技术和氢气储运技术逐渐被应用到燃料电池汽车的开发与应用中，这会带来一些新的安全问题。

　　那么，燃料电池汽车在日常使用中究竟有哪些安全隐患呢？在使用和停放燃料电池汽车时，又该注意哪些问题呢？

📍 任务工单

任务名称	燃料电池汽车日常使用安全注意须知	班级		日期	
小组成员		组号		组长	
实训教室		设备		课时	

任务描述	熟悉燃料电池汽车日常行驶与停车时的安全注意事项，按操作标准对燃料电池汽车进行日常安全检查及防护。
学习目标	**一、总目标** 1. 熟悉燃料电池汽车日常行驶与停车时的安全注意事项； 2. 能够对燃料电池汽车进行日常安全检查及防护； 3. 强化燃料电池安全意识。 **二、专业能力目标** 1. 能够说明燃料电池汽车日常使用安全注意事项； 2. 能够理解燃料电池汽车日常安全检查与防护操作。 **三、方法能力目标** 1. 能够借助网络检索有关燃料电池汽车日常使用及操作的内容； 2. 能够通过实例分析燃料电池汽车日常安全防护问题。 **四、社会能力目标** 1. 能够组织小型研讨； 2. 能够较清晰地表达自己的观点； 3. 能够和小组成员一起协作分析； 4. 能够树立较强的安全规范意识。
资讯收集	1. 燃料电池汽车行车前后的日常检查内容有哪些？ 2. 燃料电池汽车在行车过程中要注意哪些安全问题？ 3. 燃料电池汽车在停放时要注意哪些安全问题？

决策与计划	请根据任务要求，制定任务实施计划，确定所需要的检测仪器、工具，并对小组成员进行合理分工。 1. 需要的检测仪器、工具或设备 　　　　　　　　　　　　　　　　　　　　　　　。 2. 小组成员分工 　　　　　　　　　　　　　　　　　　　　　　　。 3. 实施计划 　　　　　　　　　　　　　　　　　　　　　　　。
实施	根据任务要求填写实施方案或操作步骤。

检查与评估	评价指标		组内自评	组间互评	教师评价
	方法能力和社会能力（__%）	劳动态度（__分）			
		工作纪律（__分）			
		安全操作（__分）			
		环境保护（__分）			
		团队协作（__分）			
	专业能力（__%）	任务方案（__分）			
		实施步骤（__分）			
		完成结果（__分）			
		任务工单完成（__分）			
	合计得分				
	本次最终得分（组内自评__% +组间互评__% +教师评价__%）				

 **知识材料**

一、燃料电池汽车行驶过程中的安全

1. 行车前后的日常检查

燃料电池汽车的日常检查，除了巡视车辆四周环境及车辆外观、车辆灯光是否正常，车窗玻璃及各后视镜状态是否正常，胎压是否正常，制动片状态是否正常等其他类型车辆也需检查的项目外，额外还需检查燃料电池运行状态是否正常以及车辆余氢和余电数等基本车况信息。

除以上常规检查外，对于运营车辆，需目视检查燃料电池汽车高压储氢瓶表面是否有损伤、连接管路和主要接口是否完好及氢系统框架是否有裂缝、变形等异常现象，燃料加注接口、加注口压力表、主电磁阀、减压阀、安全阀、放空阀及各接头等需用检漏液检查氢系统的气密性。

停放时，驾驶员需要对车况做复检。检查车辆外观、供氢系统外露管路及接口、氢系统的框架结构等是否正常，确认车辆是否安全停放。

2. 行车及用车过程中的安全

驾驶燃料电池汽车必须遵守国家交通法规，严格按照整车产品使用说明书操作，行驶时要关注车辆仪表情况，如有氢气泄漏应及时处理。起动后，首先查看仪表中的气瓶压力和温度数据是否正常、有无故障报警，确认后方可起步行驶。因燃料电池汽车底盘安装有高压管线和电子器件，对潮湿的空气及溅水较为敏感，因此在日常行车中应尽量避免涉水行驶。如不可避免时，建议低速行驶，安全通过。如积水超过车辆限定涉水深度的70%，则需绕行通过，事后需对车辆进行检查，消除隐患。氢燃料电池货运车不得承运易爆、易燃、易腐蚀物品以及《危险货物运输规则》列明的危险物品。

对于储氢瓶组安装在顶部的车辆，在行驶过程中需注意限高杆、路牌、桥梁和树枝等空中障碍物，防止刮伤气瓶及其组件导致氢气泄漏。

二、燃料电池汽车停车中的安全

停车时，燃料电池汽车应分区域单独停放在露天场地，保持车辆外观洁净、加氢口帽盖盖合、加氢口舱门处于锁闭状态。停车场地需保持通风条件良好，场内通道畅通，没有其他杂物，并远离加油站、加气站、热源、可燃设施或有腐蚀性气体以及潮湿和灰尘较大的地方。此外，停放燃料电池汽车时，还应避免被其他车辆或移动物体撞击或挤压，防止发生意外事件。若是厂房、车库等非露天场地，则需在场地顶部配备氢泄漏探头等安全监控装置，并安装自然通风或强制排风等防止氢气聚积的设施，场地内部的电器设备应进行防爆防护。

燃料电池汽车停车场地建议选择在有24 h专职安保的非低洼地带停车场，停车场内配置无死角监控设施，禁烟、禁燃烟花爆竹及行车导流等安全、指示标志明显，并配置消防器材及灭火设备，场地排水、通风良好；临时停车、维修车位、充电停车等区域分区管理，并对进出车辆进行登记。不将燃料电池汽车停在周边建筑物有明火、切割、装修等作业的场地内和装有高压电线或变电站等可能产生火花的场地内。

对于长期存放的车辆，存放期间应保持车辆排氢管路畅通，不被覆盖物遮盖，避免氢气微量外泄聚集，导致安全事故；存放前，应按照正常关机程序进行吹扫，消除电堆内残留水分，并对存放车辆进行测漏（存放期间每月至少测漏一次）。存放时间超一个月的，应断开快断器；长期停驶存放的，应关闭电源主开关，并将储氢容器内的压力释放至规定的最低值。

对于运营车辆，应集中存放、集中管理。长期停驶存放的，还应由专业人员定期对车辆进行检查、维护，并将检测结果进行详细记录和存档。

一、燃料电池运营车辆管理制度

1. 制定企业管理制度的法规依据

燃料电池汽车运营企业制定企业管理制度时，需依据的法律法规如下：

(1)《中华人民共和国安全生产法》；

(2)《中华人民共和国道路交通安全法》；

(3)《中华人民共和国公路法》；

(4)《中华人民共和国道路运输条例》；

(5)《道路运输从业人员管理规定》；

(6)《道路运输车辆燃料消耗量检测和监督管理办法》；

(7)《国务院关于进一步加强企业安全生产工作的通知》；

(8)《交通运输突发事件应急管理规定》；

(9)《道路运输车辆动态监督管理办法》；

(10)《道路运输车辆技术管理规定》；

(11) 其他有关规定。

2. 运营企业管理制度内容

制定管理制度的目的主要是加强企业安全生产管理，预防和减少安全生产事故，确保人员生命财产安全。运营企业管理制度应包含以下内容：

(1) 企业主要负责人及安全管理部门负责任人岗位责任制度；

(2) 安全员及驾驶员岗位责任制度；

(3) 安全生产操作及监督检查规程制度；

(4) 相关从业人员安全管理制度；

(5) 运营车辆及生产设施设备安全管理制度；

(6) 交通事故及交通违法行为处理规章制度；

(7) 用氢安全规定及各紧急情况下的应急预案；

(8) GPS 系统监督管理制度；

(9) 安全生产费用提取和使用管理制度；

(10) 安全例会制度；

(11) 安全生产考核与奖惩制度；

（12）安全生产值班制度；

（13）其他相关制度。

二、燃料电池运营车辆日常安全点检

需对运营用的燃料电池车辆在出车前、行车中、收车后进行日常安全点检（日常安全点检项目如表5-1-1所示），并对检查结果进行台账管理。

表5-1-1　日常安全点检项目

检查内容	零部件	检查方法	合格标准
气密性	加注面板	使用手持氢泄漏探头对所有管路接头进行气密性检测，检测前气瓶压力应不低于设定值	所有管路接头氢气泄漏应低于限定值
	氢气瓶组（顶置）		
	氢气瓶组（底置）		
	后舱、底置气瓶舱氢气管路		
	车顶氢气管路		
	安全阀、放空阀、PRD泄放口		
	燃料电池系统	使用手持氢泄漏探头对所有管路接头进行气密性检测，检测前燃料电池系统应处于开机状态（检测部位包括燃料电池系统外露供氢管路、氢气回路和尾排管接头）	
外观	气瓶	光线充足情况下目测	无割痕、刮伤、磕伤、凹坑、凸胀、破裂、材料损失和表面变色（积炭、烧焦和化学腐蚀等）
	管路		无明显划痕、擦伤、磕伤、锈蚀
	安全阀、放空阀和PRD泄放口防尘帽		防尘帽无脱落
	氢泄漏探头		氢泄漏探头检测口无杂质堵塞
	气瓶支架		气瓶支架焊缝处无裂纹，支架无褶皱和明显变形

续表

检查内容	零部件	检查方法	合格标准
紧固	气瓶拉带固定螺母	检查螺栓螺母划线处是否有明显错位，若有明显错位或未观察到划线，则用扳手等响应工具进行紧固检查	螺母或螺栓划线处无明显错位、松动
	气瓶遮阳罩螺栓		
	管夹		
探头校验	氢泄漏探头	采用 1% ~ 3%（氢气 - 空气）混合标准气对氢泄漏探头进行校验，查看氢泄漏探头显示读数	氢泄漏探头显示数值稳定后与标准气浓度对比误差不超过 $\pm 3\,000 \times 10^{-4}$%

任务二 燃料电池汽车加氢安全分析

学习目标

1. 了解氢燃料的加注步骤；
2. 理解燃料电池汽车氢燃料加注的安全事项；
3. 了解燃料电池汽车燃料加注的检查方法。

引导问题

燃料电池汽车作为氢能产业链下游集成应用中最为重要、最为典型的场景，受到广泛的重视，国内氢能的各项产业也主要与燃料电池汽车相关。那么，对于常温常压下极易燃烧、无色透明、无臭无味的氢气，怎样才能安全地加注到燃料电池汽车内呢？加注氢燃料时又有哪些安全注意事项呢？

任务工单

任务名称	燃料电池汽车加氢安全分析	班级		日期	
小组成员		组号		组长	
实训教室		设备		课时	
任务描述	根据氢气特性，分析燃料电池汽车氢燃料加注的安全事项，了解氢燃料加注过程和加注检查方法。				
学习目标	一、总目标 　1. 熟悉氢气的特性； 　2. 理解燃料电池汽车氢燃料加注的安全事项； 　3. 通过了解氢燃料加注步骤和加注检查方法，强化安全用车意识。 二、专业能力目标 　1. 能够说明氢燃料加注步骤； 　2. 能够分析燃料电池汽车氢燃料加注的安全事项； 　3. 能够理解燃料电池汽车燃料加注检查方法。 三、方法能力目标 　1. 能够借助网络检索有关燃料电池汽车加氢安全的内容； 　2. 能够通过实例分析燃料电池汽车加氢安全的要求。				

学习目标	四、社会能力目标 1. 能够组织小型研讨； 2. 能够较清晰地表达个人观点； 3. 能够和小组成员一起协作分析； 4. 能够树立较强的安全规范意识。
资讯收集	1. 燃料电池汽车燃料加注的步骤是怎样的？ 2. 燃料电池汽车加注氢燃料时需要注意哪些安全事项？ 3. 燃料电池汽车燃料加注前后应进行哪些检查？
决策与计划	**请根据任务要求，制定任务实施计划，确定所需要的检测仪器、工具，并对小组成员进行合理分工。** 1. 需要的检测仪器、工具或设备 。 2. 小组成员分工 。 3. 实施计划 。

		根据任务要求填写实施方案或操作步骤。			
实施					

		评价指标		组内自评	组间互评	教师评价
检查与评估	方法能力和社会能力（__%）	劳动态度（__分）				
		工作纪律（__分）				
		安全操作（__分）				
		环境保护（__分）				
		团队协作（__分）				
	专业能力（__%）	任务方案（__分）				
		实施步骤（__分）				
		完成结果（__分）				
		任务工单完成（__分）				
		合计得分				
		本次最终得分（组内自评__% +组间互评__% +教师评价__%）				

知识材料

一、氢燃料加注步骤

1. 通用步骤

根据检查表对气瓶瓶体、供氢管路、阀门接口、管路连接件等部件做充装前、后检查，并将检查结果登记后，再开始按以下步骤开始加注燃料：

（1）佩戴个人防护用品，释放全身静电，进入加氢区域。

（2）记录车辆仪表相关数据，将车辆熄火、断电并拔下车钥匙。

（3）放置车辆前后轮挡，对加氢车进行静电接地。

（4）检查车载储氢容器的《特种设备使用登记证》是否在检验有效期内、容器内余压是否在 20 bar 以上，若不相符则不能加注。

（5）检查车辆受气口及其附属连接管路是否有疑似泄漏情况，如有则拒绝加注。

（6）加氢枪头接入加氢口，手动将开关拨至"ON"位。

（7）操作加氢机键盘按钮，开始加氢。

（8）加注完成后，加氢机自动停止；如不需要加到设定压力，则也可手动停止加氢。

（9）将加氢枪开关拨至"OFF"位，取下加氢枪，盖好加氢枪枪口防尘帽，放回枪座。

（10）盖上车辆加氢口防尘帽，解除加氢车的静电接地，移除前后轮挡。

（11）对车辆做加注后的安全检查，检查结果登记入册。

（12）记录加氢数据。

（13）驾驶员将车辆驶离加氢区域。

2. 移动式加氢设施加氢

利用移动加氢车上的氢气加注装置给车辆进行快速加氢，加氢具体操作需满足 GB/T 31139—2014、GB 4962—2008 中规定的使用要求。车辆服从加氢现场人员的引导指挥，并做好加氢记录。

二、加氢安全注意事项

按规定做好加氢前后的站内安全检查，并做好记录。对于有异常情况的车辆，严禁加氢作业。

加氢站人员必须经过正规培训并持证上岗，严禁非专业人员操作；严禁在密闭的场地进行氢气加注作业，严禁加注压力超出系统最大加注压力。

加氢前，应先确认车辆熄火、下电、拉紧驻车制动，并在后轮放置前后轮挡。严禁在整车未断电、静电导出线未连接的情况下进行加注；加注时，应时刻关注气瓶压力与气瓶状态，发现任何异常立刻停止加气并安排气瓶检测维修，异常排除后方可再次加注；储氢瓶瓶阀中的手动截止阀应为开启状态，在非特殊情况下严禁关闭气瓶阀上的手动截止阀；PRD 口应保持通畅，不应该有物体妨碍氢气排出，出口防尘帽应无脱落；严禁随意调整减压阀出口压力及随意调整安全阀和打开排空针阀。如发现漏气，应停止加注，并启动站内漏气事故应急处理预案；禁止无关人员进入加注现场。

制定加氢车辆驾驶员操作安全指南，包括加氢车辆及驾驶员进出登记规范、站内区域行车路线、站内区域道路限速、站内禁止吸烟及禁止使用电子设备等；站内划定驾驶员等候区域，加氢过程中驾驶员必须处于安全区域内，确保设备和人员安全。

拓展学习

加注车辆检查。

借助加氢安全检查对照表，对气瓶瓶体、供氢管路、阀门接口、管路连接件等部件做充装前、后检查，并记录检查结果。

1. 加氢前检查

（1）车辆资质检查：确认加氢车辆是否携带了在有效期内的气瓶《特种设备使用登记证》原件，如不符合规定则不予充装。

（2）检查车况，确认是否符合充装要求。

①检查气瓶及其附属框架外观，没有凹陷、鼓包、裂纹和变形等状况。

②检查气瓶内残余氢气，余压一般应在 20 bar（2 MPa）以上方可允许充装。

③检查气瓶的配套管路接头，没有松动或脱落现象。

④目测瓶组进、出口的压力表是否完好无损。

⑤引导驾乘人员远离加氢区域，进入相应的驾驶员等候区域，待车辆加氢完毕后方可返回车辆驾驶室。

⑥车辆在指定停车线内停放，保持本车与加氢机的安全距离，并设立相关标识及警戒线。

⑦车辆到达加氢车位后，应关闭燃料电池系统和低压电源总开关，拉紧驻车制动，确保车辆停靠平稳，并确认车辆静电接地装置正常连接。

⑧检查车辆仪表参数，高压储氢瓶内含氢气气体的温度必须小于 45 ℃，否则严禁开始新一轮的加氢。

⑨检查车辆上次的加氢记录，状态正常的方可进行新一轮的加氢。

2. 加氢后检查

（1）检查气瓶外观。充装完毕，需将加氢口防尘帽归位并确保盖好，将加氢口舱门关闭，并确保处于锁闭状态；检查是否出现鼓包、变形等影响安全使用的严重缺陷；检查充装完成后的气瓶配套管路接头是否有松动或脱落现象，并用仪器检漏。

（2）检查气瓶温度。充装过程中需时刻关注气瓶的瓶体温度，气瓶温度在 85 ℃ 以内为正常。

（3）关注气瓶压力。氢气充装过程中需时刻关注气瓶压力表的数值与上升速度，气瓶压力不得超过气瓶设计的压力值。

3. 起动前检查

氢气加注完毕之后，驾驶员在重新起动车辆之前，应先环车检查确认加氢枪和静电接地线是否已拔下、加氢口压力表读数是否正常、加氢口防尘罩是否归位、加氢口舱门是否锁好等。上车后，应先查看仪表中的气瓶压力和温度数据是否正常、有无报警故障，确认无误后方可重起车辆。

任务三　燃料电池汽车紧急情况处理

✅ 学习目标

1. 了解燃料电池汽车氢气泄漏的应急处理措施；
2. 了解燃料电池汽车的火灾处理措施。

📋 引导问题

　　燃料电池汽车在氢气加注、车辆运行或出现交通事故时发生氢气泄漏，会对驾乘人员或周边人员造成安全隐患。那么燃料电池汽车的氢气泄漏会有征兆吗？一旦发生氢气泄漏，又应当如何安全、正确处理呢？一旦燃料电池汽车起火了，又该如何处置呢？

📍 任务工单

任务名称	燃料电池汽车紧急 情况处理	班级		日期	
小组成员		组号		组长	
实训教室		设备		课时	
任务描述	\multicolumn{5}{} 　　了解燃料电池汽车氢气泄漏的若干征兆，理解紧急情况下氢气泄漏应急处理措施和火灾处置措施，树立安全操作的理念。
学习目标	\multicolumn{5}{} 一、总目标 　　了解燃料电池汽车氢气泄露的应急处理措施和火灾处置措施，强化安全意识。 二、专业能力目标 　　1. 能够说明燃料电池汽车氢气泄漏的主要征兆； 　　2. 能够理解燃料电池汽车氢气泄漏的应急处理措施； 　　3. 能够理解燃料电池汽车的火灾处置措施。 三、方法能力目标 　　1. 能够借助网络检索有关燃料电池汽车紧急情况处置的相关内容； 　　2. 能够通过实例分析燃料电池汽车氢气泄漏、火灾等安全问题的解决办法。 四、社会能力目标 　　1. 能够组织小型研讨； 　　2. 能够较清晰地表达应急处理措施； 　　3. 能够和小组成员一起协作分析； 　　4. 能够树立较强的安全生产意识。

资讯收集	1. 燃料电池汽车氢气泄漏的征兆有哪些？ 2. 燃料电池汽车发生氢气泄漏应当如何进行应急处置？ 3. 燃料电池汽车火灾处理时的注意事项有哪些？
决策与计划	**请根据任务要求，制定任务实施计划，确定所需要的检测仪器、工具，并对小组成员进行合理分工。** 1. 需要的检测仪器、工具或设备 _____。 2. 小组成员分工 _____。 3. 实施计划 _____。

	实施	根据任务要求填写实施方案或操作步骤。

		评价指标		组内自评	组间互评	教师评价
检查与评估	方法能力和社会能力（__%）	劳动态度（__分）				
		工作纪律（__分）				
		安全操作（__分）				
		环境保护（__分）				
		团队协作（__分）				
	专业能力（__%）	任务方案（__分）				
		实施步骤（__分）				
		完成结果（__分）				
		任务工单完成（__分）				
		合计得分				
		本次最终得分（组内自评__% ＋组间互评__% ＋教师评价__%）				

📖 知识材料

一、氢气泄漏处理

1. 燃料电池汽车氢气泄漏征兆

当出现以下情况时，则可能预示着有氢气泄漏，需用测漏仪对是否存在泄漏做进一步检查：

（1）氢气管路松动；

（2）压力表读数持续下降；

（3）泄漏或低压报警；

（4）管路安全阀泄压或储氢瓶 PRD 泄压；

（5）管路或阀门变形；

（6）储氢瓶或阀门出现位移或错位；

（7）氢气加注时间异常；

（8）加氢结束后气瓶压力快速降低（需排除因瓶内温度下降产生的压力降低）；

（9）燃料电池低压报警。

2. 氢气泄漏应急处理措施

1）氢气加注时发生泄漏

出现高压氢气泄漏，应立即停止高压氢气加注操作，并将氢气供应源与泄漏系统断开，释放管路中的压力，组织修复；现场作业人员立即停止加氢操作，拔下加氢枪。

对泄漏量较小的情况，应立即关闭储氢瓶阀门，将车辆推离站区，疏散其他人员及车辆，准备灭火器等消防设施，并立即逐级上报；泄漏量较大时要立即停站，疏散人员、车辆，准备灭火器，连接消火栓、消防水带等消防设施，拨打 119 电话报警，并立即逐级报告。

当出现无法控制的泄漏时，应首先保护现场人员的安全，立即疏散泄漏污染区的相关人员，按照设定好的路线撤离、集合，在集合地点清点人数。

氢气集装格或储氢罐安全装置发生泄漏时，应先将氢气集装格或储氢罐内的氢气排空，联系技术人员，清晰描述现场情况，准备修复。

2）车辆运行中发生泄漏

（1）靠边停车，疏散人员。燃料电池汽车在行驶过程中发现氢气泄漏时，应立即靠边停车，疏散人员。停放地点尽量远离桥梁、路基等道路公共设施和人员稠密地区；停放区域通风良好，附近没有明火。驾驶员要关闭氢阀开关，拔下车辆钥匙，关闭电源，设立警戒标识，并联系售后服务人员。如果是客运车辆，则应立刻疏散车内人员，并打开所有车窗通风；如果是货运车辆且运输易燃、易爆物品，则应尽快移除易燃、易爆物品。

（2）查找漏点，检查压力。若压力超压，则应立即打开超压排放阀释放压力到 0.1 ~ 0.3 MPa 后，关闭阀门并确定阀门无泄漏；若泄漏时氢瓶压力正常，则可先用专用工具对泄漏部位加以紧固，并联系专职人员做进一步检查。如果事态进一步恶化或者出现着火现象，驾驶员应设立警戒标识，禁止无关人员和车辆靠近。

（3）严重泄漏的处置措施。

①拨打报警电话，并立即切断气源，迅速疏散所有人员至泄漏污染区上风处；对污染泄漏区域进行通风，对已泄漏的氢气进行稀释，防止氢气聚集。若不能及时切断气源，应采用水雾进行稀释，防止氢气积聚形成爆炸性气体混合物；若有人员窒息，则应立即移至良好通风处，进行人工呼吸，并迅速就医。

②当有泄漏并着火时，首先应切断气源，并采用水或者干粉强制冷却泄漏的气瓶，防止因着火导致气瓶温度和压力急剧上升带来更大的危害。其次，采取措施，防止火灾扩大，如采用大量消防水雾喷射其他易燃物质和相邻设备，防止次生灾害。另外，由于氢气火焰肉眼不易察觉，故消防人员应佩戴自给式呼吸器，穿静电服装进入现场，注意防止外露皮肤烧伤。

③发生交通事故后引起泄漏时，应第一时间打开乘客舱门并疏散乘客，关闭车辆钥匙，按下高压应急开关，打开所有车窗进行通风，设置警戒标识，清点人员；对车辆供氢系统进行检查，查看是否有泄漏现象；当驾驶员无法控制泄漏点时，应及时报告，并按应急方案进行控制。处理地点应尽量避免在人口密集地区，如只能在原地进行处理，则应在周围设置警戒线，并及时疏散附近人员。

3）氢气泄漏时的其他注意事项

（1）应急处置应由经过专门培训的维修人员实施，维修人员应穿防静电服、防静电鞋，并去除身上的静电。

（2）在应急处置现场不允许出现火花、高温热源、明火等易引燃氢气的操作，不允许使用电动工具、电焊和非防爆工具等。

（3）严禁私自拆卸、敲击氢气管道和储氢瓶，严禁带压操作。

二、燃料电池汽车火灾处理

1. 火灾一般处理程序

当发现起火征兆时，应第一时间打开乘客舱门并疏散乘客，关闭车辆电源，设立警戒标识，再使用合适的灭火器灭火，大声呼救，并立刻报警。

2. 火灾处置措施

初起火灾，应迅速查明燃烧位置、燃烧物品的主要危险特性、火势是否有蔓延、燃烧产物是否有毒等。现场人员应就近取材，进行现场自救、扑救，控制火势蔓延，必要时佩戴相应绝缘工具，防止触电。火势较大或有人员受伤时，还应及时上报，并拨打火警电话和急救中心电话（见表5-1-2），求得外部支援。

表5-1-2 外部机构联系电话

单位名称	联系电话
消防火警	119
治安报警	110
医疗急救	120
交通事故	122

火灾扑灭后，应保护好现场，接受事故调查并如实提供火灾事故的情况。

3. 火灾处置注意事项

（1）不可用消防水的情况：电气设备短路导致电弧放电但无明火时，首先切断车辆电源，用二氧化碳（或干粉）等灭火器扑灭，不可直接用消防水枪等水源灭火，以免水作为导体引起二次灾害。

（2）可用消防水的情况：有明火燃烧，且人员不可靠近时，应在人员远离车辆10~15 m的情况下使用消防水灭火。救援时要佩戴好防护用品，防止有毒气体或烟气侵入人体；没有穿戴相应防护器具的人员严禁参加抢险行动。

（3）处置时应注意：应正确使用抢险救援器材，不得冒险和蛮干；要注意观察风向、地形，选择正确位置，防止中毒；在火场中或在有烟的室内行走，应尽量低身弯腰降低高度，防止窒息；在火灾的自救与逃生时，首先应躲避浓烟和大火，撤离到安全地带；处置期间应封锁现场，禁止无关人员进入；拨打 120 电话报警时，应详尽说明情况。

拓展学习

氢燃料电池应急救援车。

美国国防部联合能源部研发了一款氢燃料电池应急救援车 H2Rescue（见图 5 - 1 - 1），它是基于燃料电池/锂电池混合系统开发的，可为执行紧急救援和灾难管理工作的第一响应者提供清洁能源，并提高抗灾能力。H2Rescue 装载有足够的氢气，具有运行清洁、噪声低等优点，可搭建微电网，并能供热和供水，最多可持续 72 h。

根据 H2Rescue 的开发计划，它可能会彻底改变紧急救援人员和第一反应人员处理情况的方式。森林大火和飓风灾后营救时，这种交通工具可以很好地发挥作用。美国能源部和陆军还计划进行一次联合演示，确保并展示这种无排放的应急车辆不仅具有环保意识而且更适合在现场工作的人。

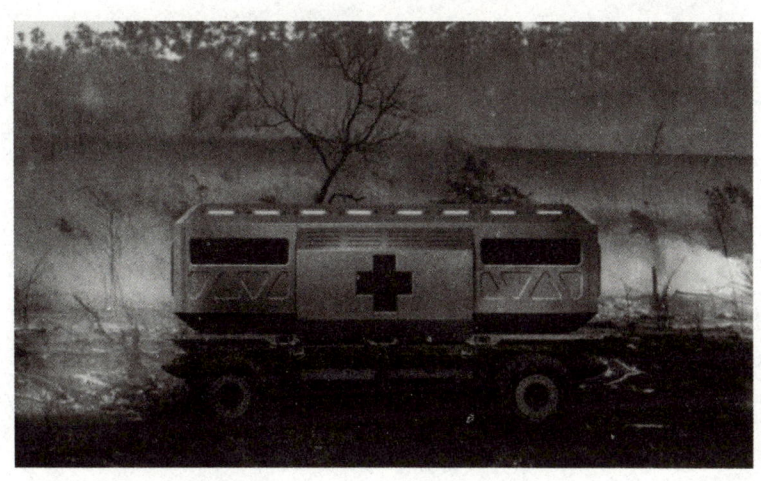

图 5 - 1 - 1　H2Rescue 应急救援车辆

项目二　燃料电池汽车日常检修与维护注意事项

任务一　燃料电池汽车检修维护场地要求分析

学习目标

了解燃料电池汽车检修维护场地应当符合的条件。

引导问题

鉴于氢易燃易爆的特性及整车电耦合的使用环境，燃料电池汽车的安全问题比传统汽车及纯电动汽车的安全问题更为复杂，尤其是在检修、维护环节，对场地条件、操作规范等有更加严格的要求。那么燃料电池汽车检修维护场地有哪些具体要求呢？如何才能确保检修维护场地的安全呢？

任务工单

任务名称	燃料电池汽车检修维护场地要求分析	班级		日期	
小组成员		组号		组长	
实训教室		设备		课时	
任务描述	通过了解燃料电池汽车检修维护场地的条件和要求，能够对燃料电池汽车检修维护场地进行合规性和安全性分析。				
学习目标	一、总目标 1. 了解燃料电池汽车检修维护场地的条件和要求； 2. 了解燃料电池汽车检修与维护场地的检查方法及内容； 3. 树立安全意识。 二、专业能力目标 1. 能够说明燃料电池汽车检修维护场地的条件和要求； 2. 能够分析燃料电池汽车检修维护场地的安全性。 三、方法能力目标 1. 能够借助网络检索有关燃料电池汽车检修维护的内容； 2. 能够通过实例分析场地安全隐患点。				

学习目标	**四、社会能力目标** 1. 能够组织小型研讨； 2. 能够较清晰地表达个人意见； 3. 能够和小组成员一起协作分析； 4. 能够树立较强的安全规范意识。
资讯收集	1. 燃料电池汽车检修维护场地为什么要设置防火墙？ 2. 燃料电池汽车检修工作人员服装穿着有何要求？ 3. 在维修工作时，燃料电池车辆必须接地吗？为什么？
决策与计划	请根据任务要求，确定所需要的检测仪器、工具，对小组成员进行合理分工，并制定任务实施计划。 1. 需要的检测仪器、工具 _____ 。 2. 小组成员分工 _____ 。 3. 实施计划 _____ 。

职业能力五　注意燃料电池汽车使用安全

			根据任务要求填写实施方案或操作步骤。			
实施						
检查与评估		评价指标		组内自评	组间互评	教师评价
	方法能力和社会能力（__%）	劳动态度（__分）				
		工作纪律（__分）				
		安全操作（__分）				
		环境保护（__分）				
		团队协作（__分）				
	专业能力（__%）	任务方案（__分）				
		实施步骤（__分）				
		完成结果（__分）				
		任务工单完成（__分）				
		合计得分				
	本次最终得分（组内自评__% + 组间互评__% + 教师评价__%）					

🍁 知识材料

燃料电池汽车检修维护场地要求。

燃料电池汽车检修维护的场地应符合以下要求：

（1）场地应设置满足当地防火管理部门要求的防火墙；

（2）必须防止氢气进入相邻或比车辆更高的办公室；

（3）在爆炸可能发生的地方设置相应的警告标志；

（4）在维修和停放周边区域内禁止吸烟；

（5）必须穿着静电防护服；

（6）禁止在场地内对车辆进行燃料补给；

（7）禁止 10 min 内刚补给过燃料的车辆驶入场地；

（8）禁止有燃料泄漏的车辆进入场地，燃料已排空的除外；

（9）车辆上方有电气设备时，须事先检测车辆是否存在燃料泄漏；

（10）严禁在场地内部或周围开展能产生火花的工作（如焊接、磨削等），如必须开展，则需使用便携式的防护装置将车辆隔开至少相离 5 m；当有氢气系统报警信息产生时，这些产生火花的工作必须立即停止；

（11）使用防爆扳手拆卸压缩氢气管道紧密件；

（12）在场地内，车辆必须接地；

（13）场地内需安装有足够亮度的警示灯。

任务二　燃料电池汽车检修与维护安全注意事项分析

☑ 学习目标

1. 了解燃料电池汽车检修与维护的主要内容；
2. 了解燃料电池汽车检修与维护的操作流程；
3. 了解燃料电池汽车检修与维护的安全注意事项。

❓ 引导问题

燃料电池汽车在检修、维护环节的安全问题比传统汽车及纯电动汽车的更为复杂，对操作规范等有更加严格的要求。那么，燃料电池汽车检查维护的主要内容是什么？检修与维修时，需注意哪些事项？

📍 任务工单

任务名称	燃料电池汽车检修与维护安全注意事项分析	班级		日期	
小组成员		组号		组长	
实训教室		设备		课时	
任务描述	了解燃料电池汽车检修与维护主要作业内容，了解燃料电池汽车检修与维护流程及安全注意事项。				
学习目标	**一、总目标** 1. 了解燃料电池汽车检修与维护的主要作业内容； 2. 了解燃料电池汽车检修与维护流程及安全注意事项； 3. 强化安全意识。 **二、专业能力目标** 1. 能够说明燃料电池汽车检修与维护的内容； 2. 能够分析燃料电池汽车检修的安全注意事项。 **三、方法能力目标** 1. 能够借助网络检索有关燃料电池汽车检修与维护的内容； 2. 能够通过实例分析燃料电池汽车检修与维护的安全注意事项。 **四、社会能力目标** 1. 能够组织小型研讨； 2. 能够较清晰地表达个人观点； 3. 能够与小组成员一起协作分析； 4. 能够树立较强的安全规范意识。				

资讯收集	1. 燃料电池系统维护保养的主要内容有哪些？ 2. 燃料电池汽车检修的规范流程是怎样的？ 3. 燃料电池汽车维护过程中有哪些安全注意事项？
决策与计划	**请根据任务要求，确定所需要的仪器、设备、工具，并对小组成员进行合理分工，制定任务实施计划。** 1. 需要的检测仪器、工具 _____ _____。 2. 小组成员分工 _____ _____。 3. 实施计划 _____ _____。

		评价指标	组内自评	组间互评	教师评价
检查与评估	方法能力和社会能力（__%）	劳动态度（__分）			
		工作纪律（__分）			
		安全操作（__分）			
		环境保护（__分）			
		团队协作（__分）			
	专业能力（__%）	任务方案（__分）			
		实施步骤（__分）			
		完成结果（__分）			
		任务工单完成（__分）			
		合计得分			
		本次最终得分（组内自评__% + 组间互评__% + 教师评价__%）			

上部表格（实施）：

实施	根据任务要求填写实施方案或操作步骤。

📖 知识材料

一、燃料电池汽车检修安全注意事项

（1）检修作业应在符合安全防护要求的专用车间进行，车间通风良好，顶部没有能形成气体积聚的死角，显眼位置张贴有防火、防静电等标志。

（2）应对全车进行密封性检查后再开始检修作业。如有泄漏应先排除故障并确认密封良好后方可进行维护作业。

（3）维修作业中也应先进行涉及氢气的检查和维护等作业，之后关闭气瓶截止阀并确保管路内氢气排尽方可进行其他作业项目。

（4）当需进行焊割等有明火作业时，应先拆掉蓄电池及重要总成的电控元件，安全拆卸气瓶并放入专业库房妥善保管，或在符合安全防护要求的专用场地将氢气供气系统卸压后方可作业。

（5）动火检修时，应确保氢气体积分数在安全范围以内，检修或检验设施应完好可靠，个人防护用品穿戴应符合要求。禁止在场地内使用电炉、电钻、火炉、喷灯等一切产生明火、高温的工具与热物体。动火检修应选用铜质工具，确保明火周围 3 m 范围内没有其他无关的氢燃料系统。

（6）如需在气瓶附近进行打磨或切割，则应先由具备认可资质的单位、人员将其拆掉或有效隔离。严禁在气瓶上进行挖补、焊割等作业。

（7）燃料电池汽车如发生漏气，应立即关闭电源和气瓶截止阀，然后在专用场地进行处理。如果高压管路破裂或脱落导致气体大量泄漏而无法关闭气瓶截止阀，则应立即隔离气源，待氢气散尽再做处理。

（8）如发生火情，应立即关闭电源和气瓶截止阀，并隔离现场，立即采取有效的灭火和救援措施。

（9）非氢系统检查维修：如果不涉及动火的，检查维修工作只需要确保周围空气流通性良好，如在室内维修的，则应确保厂房内部净空高度不低于 8 m；如果涉及动火的，则必须将本车内氢气泄放完毕或将氢系统完整拆卸下来后方可动火。

二、燃料电池汽车维护安全注意事项

对氢系统管阀件进行维护作业时，应选择通风良好的地点，将管路内的氢气排空后再进行零部件的维护。

1. 放气作业前

（1）应设置警示标志或隔离带，要触摸静电释放器，将身体静电导除。

（2）放气操作人员应经过培训且考试合格后才能上岗操作。

2. 放气作业时

（1）应关闭车辆的电源及门窗，同时打开车厢顶部所有天窗。

（2）除指定的放气操作人员外，其他人员一律不得入内。

（3）现场禁止携带手机、打火机、非防爆对讲机、火柴等火源火种和易产生静电的物品入内。

（4）现场 30 m 内禁止使用明火作业。

（5）现场严禁穿易产生静电的服装及带铁钉的鞋进入。

（6）现场使用的工具应为防爆工具。

（7）现场严禁实施放气作业外的其他作业活动。

3. 放气作业后

（1）检测车辆四周、舱体和车厢内部残余气体情况，确保无余气后方可驶离。

（2）确保安全后再实施其他作业。

 拓展知识

燃料电池汽车检查与维护内容。

1. 起动前检查

在起动车辆之前应按表 5 - 2 - 1 所示的内容对车辆进行起动前检查。

表 5 - 2 - 1　起动前检查

检查人			检查日期	
序号	检查项目及内容		检查结果	处理结果
1	外观检查			
2	燃料系统检查	燃料电池系统		
		车载供氢系统		
3	覆盖件检查			

2. 定期检查

停放一个月以上未运行的车辆，应定期对车辆进行检查（见表 5 - 2 - 2），并且起动燃料电池系统工作至额定状态时至少 15 min 无故障。

表 5 - 2 - 2　定期检查内容

检查人			检查日期	
序号	检查项目及内容		检查结果	处理结果
1	静态检查	膨胀水箱液位		
		DC/DC（电动机）水箱液位正常		
		燃料电池及冷却管路无漏水现象		
		燃料电池系统外观		
		氢系统外观（含管路）		
2	静态检测	氢泄漏检测 1：加氢口		
		氢泄漏检测 2：氢气阀		
		氢泄漏检测 3：排气口		
		氢泄漏检测 4：氢瓶及车顶氢管路		
		燃料电池氢气管路		
3	上电、起动检测	仪表氢气压力（不为零）		
		仪表低压蓄电池电压		
		仪表正常，无报警信号		
		燃料电池运行正常		
		仪表绝缘阻值（燃料电池起动）		
注：针对停放超过 1 个月以上未运行车辆，进行 1 次/月的例行检查。				

3. 维护与保养

燃料电池系统应在使用寿命期限之内定期进行维护与保养，维护与保养内容参照表5-2-3。

表5-2-3　燃料电池系统定期维护与保养项目及周期示例

保养内容	保养操作	2 500～3 000 km（首保）	每5 000 km（A保）	每20 000 km（B保）	每40 000 km（C保）
1. 防冻液/去离子水电导率	检测	★	★	★	★
2. 系统绝缘是否合格	检测	★	★	★	★
3. 空压机漏油情况	检查	★	★	★	★
4. 系统悬置变形情况	检查	★	★	★	★
5. 阀件、传感器、PTC、水泵	检查	★	★	★	★
6. 高低压线束是否有破裂或松动	检查	★	★	★	★
7. 氢循环泵漏油、腐蚀情况	检查	★	★	★	★
8. 空气路滤网	清理	★	★	★	★
9. 紧固件是否松动并进行扭矩复核	复核	★	★	★	★
10. 车载供氢系统及管路泄漏	检测	★	★	★	★
11. 空滤滤芯	清洁	★	★	★	★
12. 燃料电池专用防冻液（补充至max线）	补充	★	★	★	★
13. 空滤滤芯	更换			★	★
14. 冷却小循环过滤器	清洁				★
15. 燃料电池专用防冻液	更换				★
16. 去离子器	更换				★

注1：维护间隔时间是基于平均输出功率为50%额定功率的循环工况。

注2：滤芯的更换周期应根据运营地区的具体情况进行调整。

注3：燃料电池专用防冻液应具备检验合格证书，并使用专用容器回收储存并交由有资质的专业公司处理。

职业能力五　注意燃料电池汽车使用安全

225

车载供氢系统应在使用寿命期限之内并在通风良好的地方定期进行维护与保养，维护与保养的内容参照表5-2-4。

表5-2-4　车载供氢定期维护保养内容

序号	零部件名称	维保内容	维护周期	维保项目标准	维保年限
1	加氢口	气密/泄漏检查	每一年或20 000 km		
		更换密封件	每3年或60 000 km	损坏及按维护周期（拆检后）视情况更换滤网、密封圈、垫片。此外，视情况整体更换	一年或20 000 km
2	限流阀密封件	更换密封件	每3年或60 000 km	损坏及按维护周期视情况更换	3年或60 000 km
3	氢气瓶瓶口阀	气密/泄漏检查	每3年或60 000 km	损坏及按维护周期在拆检时视情况更换密封圈	3年或60 000 km
		更换密封件			
4	氢气瓶瓶尾PRD	气密/泄漏检查	每3年或60 000 km	损坏建议更换，正常只做泄漏检测	3年或60 000 km
		更换密封件	每3年或60 000 km	损坏及按维护周期在拆检时视情况更换密封圈	
5	加注过滤器滤芯	清洗或更换	每5 000 km检查	日常通过加氢速度、加注压差判断是否堵塞，有问题即拆检并判断消洗还是更换，每次拆检后视情况更换密封圈	—
6	加注过滤器密封圈	更换密封件	每3年或60 000 km		3年或60 000 km
7	供气过滤器滤芯	清洗或更换	每5 000 km检查	日常通过加氢速度、加注压差判断是否堵塞，有问题即拆检并判断消洗还是更换，每次拆检后视情况更换密封圈	—
8	供气过滤器密封圈	更换密封件	每3年或60 000 km		3年或60 000 km
9	压力表	气密/泄漏检查	每5 000 km检查	损坏则建议更换；参数正常再做测漏检查	—
		定检	根据国标每半年一次	客户与计量院协调定检	一年或20 000 km

序号	零部件名称	维保内容	维护周期	维保项目标准	维保年限
10	安全阀	定检	每年一次	客户与计量院协调定检	本体8年或160 000 km
11	安全阀密封件	更换密封件	每3年或60 000 km	损坏则按维护周期视情况更换	3年或60 000 km
12	放空针阀	更换	每年或20 000 km	损坏及按维护周期视情况更换	一年或20 000 km
13	中压压力传感器	更换	每3年或60 000 km	损坏则建议更换；参数正常再做测漏检查	3年或60 000 km
14	高压压力传感器	更换密封圈	每3年或60 000 km	损坏则建议更换；参数正常再做测漏检查	3年或60 000 km
		气密/泄漏检查	每一年或20 000 km		
15	减压阀动密封件	更换密封件	每一年或20 000 km	损坏则建议更换；压力调节正常后再做测漏检查	一年或20 000 km
16	减压阀静密封件	更换密封件	每3年或60 000 km		3年或60 000 km

4. 燃料电池系统报废

燃料电池系统报废处理时应确保系统各零部件内无氢气存在，且系统压力降至标准大气压，并交由专业人员进行报废处理。

5. 车载氢系统年检与报废

车载供氢系统年检要求应与车辆定期年检要求同步，检查过程中车载供氢系统可不做拆解处理。报废时，应先对车载供氢系统进行气体置换，确保车载供氢系统各零部件无氢气存在后再由专业人员进行报废处理。

6. 数据记录保存管理

运营单位应对运营车辆定期检查、维护与保养等运行数据信息进行实时记录与定期保存，并制定相应的管理办法。

参考文献

［1］宋传增，秦广久，张宗喜，王冲. 车用氢燃料电池［M］. 北京：人民交通出版社，2020.

［2］王志成，钱斌，张惠国，韩志达，等. 燃料电池与燃料电池汽车［M］. 北京：科学出版社，2016.

［3］宋珂，魏斌. 电池混合电源系统低温启动建模［M］. 北京：化学工业出版社，2021.

［4］Fundamentals of Fuel Cell Systems for Vehicles［DB/OL］.（2017－07－09）［2022－05－15］. https：//atecentral. net/downloads/1584/Fundamentals _ of _ Fuel _ Cell _ Systems _ for _ Vehicles. pdf.

［6］NANO－STRUCTURED CARBON MATERIALS FOR ENERGY GENERATION AND STORAGE ［DB/OL］（2016－06）.［2022－05－12］. https：//www. researchgate. net/figure/2－An－illustration－of－the－PEM－fuel－cell－stack－a－single－cell－and－the－structure－of－a_fig2_305458277.

［7］Technology Assessment of a Fuel Cell Vehicle：2017 Toyota Mirai［DB/OL］.（2018－12）［2022－05－12］. https：//publications. anl. gov/anlpubs/2018/06/144774. pdf.

［8］PEM－FCS Stack Technology［EB/OL］.［2022－05－12］. https：//nedstack. com/en/pem－fcs－stack－technology.

［9］［德］彼得·库兹韦尔（Peter Kurzweil）. 燃料电池技术：基础、材料、应用、制氢［M］. 北京：北京理工大学出版社，2019.

［10］How Do Fuel Cell Electric Vehicles Work Using Hydrogen？［EB/OL］［2022－05－12］. https：//afdc. energy. gov/vehicles/how－do－fuel－cell－electric－cars－work.

［11］Fuel Cell Electric Vehicles.［EB/OL］.［2022－05－12］. https：//afdc. energy. gov/vehicles/fuel_cell. html.

［12］于子冬，孔为，陈代芬. 管式固体氧化物燃料电池的数值分析优化［M］. 北京：化学工业出版社，2017.

［13］Saman Rashidi and etc. Progress and challenges on the thermal management of electrochemical energy conversion and storage technologies：Fuel cells, electrolysers, and supercapacitors.

Progress in Energy and Combustion Science 88 (2022) 100966, 1 – 5.

[14] Nolan, John, "Modeling and control of an automotive fuel cell thermal system" (2009). Thesis. Rochester Institute of Technology. August 26, 2009.

[15] 崔胜民. 燃料电池与燃料电池电动汽车 [M]. 北京：化学工业出版社，2022.

[16] Wang, Yun, et al. "A review of polymer electrolyte membrane fuel cells: Technology, applications, and needs on fundamental research." Applied energy 88. 4 (2011): 981 – 1007.